核安全技术丛书

核电厂核安全相关混凝土结构研究

李忠诚　董占发　贡金鑫　等　**编著**

中国原子能出版社

图书在版编目(CIP)数据

核电厂核安全相关混凝土结构研究 / 李忠诚等编著.
— 北京：中国原子能出版社，2021.2
ISBN 978-7-5221-1253-4

Ⅰ. ①核… Ⅱ. ①李… Ⅲ. ①核电厂-核安全-混凝土结构-研究 Ⅳ. ①TM623.1

中国版本图书馆 CIP 数据核字(2021)第038741号

核电厂核安全相关混凝土结构研究

出版发行	中国原子能出版社(北京市海淀区阜成路 43 号　100048)
责任编辑	付　凯　裘　勖
装帧设计	蔡　欢
责任校对	宋　巍
责任印制	赵　明
印　　刷	北京金港印刷有限公司
经　　销	全国新华书店
开　　本	787 mm×1092 mm　1/16
印　　张	14.125
字　　数	353 千字
版　　次	2021 年 2 月第 1 版　2021 年 2 月第 1 次印刷
书　　号	ISBN 978-7-5221-1253-4　　**定　价**　**85.00** 元

网址：http://www.aep.com.cn　　**E-mail：atomep123@126.com**
发行电话：010-68452845

《核安全技术丛书》

编审委员会

丛书编委

陈映坚　上官斌　田瑞航　高　峰
乔丕业　赵建光　王　鑫　毛　庆
段远刚　彭华清　许波涛　董占发

执行编委

赵建光　俞建宏　谭　珂

《核电厂核安全相关混凝土结构研究》

编　著　者

李忠诚　董占发　贡金鑫　潘　蓉　丁志新
贾建英　张　涛　吕锦权　郭俊营　白明鑫
（以下按姓氏笔画排序）
凡　红　王　涛　王若冰　朱绍军　刘玉林
许海涛　孙运轮　李　亮　李建波　李晓红
张卫国　罗岁丰　周艳兵　孟　剑　赵　明
徐征宇　黄　涛　储艳春　蓝天云　黎鹏飞

丛书序言

原子的发现和核能的开发利用给人类社会发展带来新的动力，极大增强人类认识世界和改造世界的能力，与此同时，核能发展也伴随着核安全风险和挑战，人类要更好利用核能、实现更大发展，必须创新核技术、确保核安全。核安全是核能事业发展的生命线，是核能长期发展的重要保障。

党的十八大以来，中国的核安全事业进入安全高效发展的新时期。习近平主席提出理性、协调、并进的核安全观，强调发展和安全并重，倡导打造全球核安全命运共同体，为新时期中国核安全发展指明了方向，为推进核能开发利用国际合作、实现全球持久核安全提供了中国方案。

截至 2020 年 8 月底，中国大陆运行核电机组达到 47 台，总装机容量为 48 750 MW，仅次于美国和法国，位于全球第三位。2020 年 9 月 2 日，李克强总理主持召开国务院常务会议，核准海南昌江核电二期工程和浙江三澳核电一期工程，由此，我国在建核电机组数量提升为 17 台，在建机组装机容量持续保持全球第一。

确保我国核能健康发展，创新核安全技术是必经之路。为了解决制约自主化发展的核心技术瓶颈问题，推动我国核能技术水平的持续提高和创新，促进向核能强国的跨越，核电安全监控技术与装备国家重点实验室围绕安全三要素——“物的不安全状态、人的不安全行为、环境影响”，通过开展核电安全状态及其量化评估研究、核电风险预警与事故防控研究、人因可靠性与人机交互研究、核电装备服役安全研究四个方向的研究，突破瓶颈与关键技术，开展前瞻性、创新性研究，从基础研究、重大共性关键技术研究到示范应用全链条布局，取得了系列成果。

为总结五年建设期间的宝贵经验，提炼关键技术，传播科学文化，国家重点实验室组织出版“核安全技术”系列丛书。本丛书共计 12 册，涉及核电安全状态及其量化评估、核电风险预警与事故防控、人因可靠性与人机交互及核电装备服役安全研究四个方面，主要内容如下：

《核电数字化仪控系统仿真验证技术》：主要基于核电数字化仪控系统仿真验证团队仿真与验证技术研究与工程应用实践成果，结合华龙一号工程建设需求，详细介绍了我国二代、二代改进型和自主三代压水堆核电机组的数字化仪控系统设计、制造和调试阶段的验证测试平台、验证技术和工程实践，并对实验室近年在数据同化、在线仿真等核能领域先进的仿真验证技术进行了阐述。

《核电厂在线监测与诊断技术》：分别描述了核电厂疲劳监测、泄漏监测、松脱部件监测、转动机械监测以及地震自动停堆技术，旨在建立基于在线监测数据与智能诊断技术的核电厂重要设备的全生命周期动态管理体系，实现设备性能退化趋势和剩余寿命的精确预测，为前瞻性的设备老化管理、维护维修管理及 CBM/PHM 技术在核电领域的全面应用提供技术基础。

《滨海核电厂冷源保障技术研究与创新》：围绕核电厂取排水方案设计基础资料、设计原则、设计要点、研究专题、相关系统及子项，对各核电项目的冷源设计创新成果进行了分析和总结，形成了冷源设计的理论及实践成果。

《基于振动的核电厂设备状态监测与故障诊断应用》：基于设备振动信号的监测与设备运行状态评价，围绕振动测量、信号处理、故障表征及监测装置原理，介绍了核电厂设备故障诊断的一般方法和典型设备和构成部件的振动故障诊断原理以及案例，并进一步介绍了智能诊断的实现方法和案例，形成了核电厂构建设备振动状态监测与故障诊断应用实践方法。

《核电三维协同设计与管理平台研发及应用》：基于中广核三维协同设计与管理的良好实践，围绕解决华龙一号示范项目三维协同设计与管理面临的新挑战，从构建协同设计体系、提升平台应用性能、开创多专业三维数字化协同方式、研发成系列首创性设计工具等多个方面，全方位总结了三维协同设计与管理平台的研发与应用历程，形成了中广核三维协同设计与管理系统性解决方案。

《人因工程在核电厂工程设计中的应用》：基于核电厂主控室人因工程分析和人机接口设计工作经验，围绕人因工程基础知识、核电厂人因工程应用发展历史、人因工程分析、人机接口设计，以及人因工程验证和确认等设计创新成果进行分析和总结，形成了核电厂人因工程分析和设计的理论及实践成果。

《核电站人因失误防范理论、技术与应用》：基于核电站防人因失误工程实践经验与张力教授团队在核电站人因可靠性领域的基础理论研究成果，以核电站人因失误防范理论与技术体系的系统构建为目标，以核电站全寿命周期(核电站设计、施工、调试、运行与维修等)中的人因失误防范为切入点，系统地阐述我国核电站人因失误防范的基础理论、技术方法与工程应用等。

《核电厂数字化仪控系统》：基于核电先进测控技术及其可靠性设计的工作经验，围绕核电厂数字化控制系统的发展历程、数字化仪控系统设计要求、核电厂仪控平台选型，核电厂数字化仪控系统以及核电厂数字化改造技术进行分析和总结，形成了核电厂数字化仪控系统设计的理论和实践成果。

《核电厂无线通信系统技术研究与应用》：基于核电厂无线通信系统核电厂无线通

信系统理论研究与工程实践经验相结合，从核电厂用户需求、国家标准规范要求、无线通信技术、电磁兼容、网络信息安全等方面对核电厂无线通信技术进行研究，结合工程实践总结，形成了核电厂无线通信系统技术理论及实践成果。

《核电站设备特种修复技术》：基于核电站设备设计、研发及运维工程经验，围绕回火焊道技术、Overlay 堆焊技术、激光再制造技术、补板修复技术，以及端塞修复技术、封口焊缝损伤修复技术、安全壳钢衬里修复技术等创新成果进行分析和总结，形成了核电站设备特种修复的理论及实践成果。

《在役核电厂管道缺陷评价与处置》：基于核电厂管道缺陷力学分析评价和处置的工作经验，围绕断裂力学与疲劳分析基础知识、核电厂管道缺陷修复和破裂预防监测等设计创新成果进行分析和总结，形成了核电厂管道缺陷分析评价与处置方法总结及实践成果。

《核电厂安全相关混凝土结构研究》：通过开展了大量的调查和设计理论、可靠度、结构分析、截面设计、耐久性、超设计基准评估等各类专项研究，充分吸收国内外现行混凝土设计、施工及验收方面相关标准最新成果，系统总结了我国核电厂混凝土结构研究、设计、验收及检测工作中的工程实践经验。

本丛书是对国家重点实验室建设过程中所取得的部分研究成果的工作总结，是集体智慧结晶，希望本丛书的出版能增强广大公众对核科学技术、核安全的认识，薪火相传，促进我国核能、核科技事业的健康可持续发展。

丛书编委会

序　言

我国是世界最大的发展中国家，能源需求日益增长，环境保护要求愈加严苛。核能是可持续发展能源，在改善环境、优化能源结构和带动我国高端装备制造业发展等方面具有特殊重要地位。发展核电是我国能源重要战略选择，而核安全是核电发展的基石。结构安全是核电安全的重要组成部分。

核安全相关混凝土结构是核电站厂房和构筑物重要的结构形式，应用极为广泛，不仅发挥重要的支承、围护和屏障作用，而且承担主要的生物屏蔽功能。核安全相关混凝土结构所承担的安全功能，工况条件繁杂，设计基准、施工技术及质量验收要求很高，技术十分复杂。建立核电厂混凝土结构工程技术，需要开展大量专项研究，以便掌握核安全相关的混凝土结构特性，并制订专门的设计标准来规范相关的设计和建造活动。

中广核工程有限公司和中国核工业华兴建设有限公司联合国内核工程设计研究院和高等院校，开展了大量的调查和专题研究，充分吸收了国内外现行混凝土设计、施工及验收方面有关标准的最新成果，系统总结了我国核电厂混凝土结构在研究、设计、施工、验收及检测工作中的工程实践经验，据此编制完成了我国第一部核电厂混凝土结构国家标准《核电厂混凝土结构技术标准》(GB/T 51390—2019)，填补了我国相关领域国标体系的空白。为适应国家标准编制的需求，课题组系统开展了设计理论、可靠度、结构分析、截面设计、耐久性、超设计基准评估等各方面的专项研究，从而为标准制定奠定了坚实基础。

本书系我国核电厂混凝土结构技术研究的结晶，相信这一工作在提升我国核电的安全水平，促使我国核电的可持续发展和我国自主创新的“华龙一号”走向世界中，必将发挥重要作用。

林皋

大连理工大学教授，中国科学院院士

2020 年 5 月

目　录

第一章

概　述

1.1 核能发展情况

能源是支撑人类社会发展进步的重要基础，煤、石油、天然气等化石能源的利用，对人类生存、发展、进步发挥了巨大的推动作用。但使用大量化石能源所产生的温室效应、酸雨现象对人类生存环境也造成了严重破坏。同时，化石能源日趋枯竭，不足以支撑全球经济的可持续发展。实践证明，核电是一种安全、清洁、可靠的能源，核电在发电过程不产生二氧化硫、氮氧化物和烟尘等空气污染物，二氧化碳的排放量远低于火电。核电与水电、火电一起构成世界能源的三大支柱，在世界能源结构中有着重要的地位。

根据国际原子能机构(IAEA)的数据，截至 2018 年底，全球有 30 个国家拥有核电机组，共有 446 台核电机组在运，总装机容量为 392.4 GW，占全球电力生产总量的 11%。世界上在运机组数量排名前 10 的国家机组数量及发电量统计见表 1-1。越来越严重的能源、环境危机，推动核电在世界未来的低碳能源中将继续扮演重要角色。根据 IAEA 预测，到 2050 年，全球低碳电力在总发电量中的占比需达 80%才能有效应对气候变化。核电作为当前唯一可大规模替代化石燃料的清洁能源，越来越受到世界各国的重视。法国核电装机容量在总电力中的比重高达 72.3%，核电完全取代了火电的基荷电厂的地位。俄罗斯、印度和中国是当前核电扩张的主力国家，其中，中国核电在建机组数量位居世界首位。

核电厂通过核燃料链式裂变反应产生热量，从而推动汽轮机发电。纵观核电发展历史，核电厂技术方案大致可以分四代。

(1)核电厂的原型技术开发始于 20 世纪 50 年代。1951 年 8 月，美国原子能委员会在爱达荷州一座钠冷快中子增殖实验堆上进行了世界上第一次核能发电实验并获得成功。1954 年，苏联建成电功率为 5 MW 的实验性核电厂。1957 年，美国建成电功率为 90 MW 的希平港(shipping port)原型核电厂。国际上把上述实验性和原型核电机组称为第一代核电机组。第一代核电厂为原型堆，其目的在于验证核电设计技术和商业开发前景。

(2)20 世纪 60 年代后期，在实验性和原型核电机组基础上，陆续建成电功率在 300 MW 的压水堆、沸水堆、重水堆、石墨水冷堆等核电机组，进一步证明了较大功率核能发电技术的可行性，同时也提升了核电的经济性。20 世纪 70 年代，因石油涨价引发的能源危机促进了核电的大发展。世界上商业运行的四百多座核电机组绝大部分是在这段时期建成的，习惯上称之为第二代核电厂，第二代核电厂为技术成熟的商业堆。

(3)20 世纪 90 年代，为了解决美国三英里岛和苏联切尔诺贝利核电厂严重事故的负面影响，世界核电业界集中力量对严重事故的预防和缓解进行了研究和攻关，美国和欧洲先后出台了《先进轻水堆用户要求文件》即 URD 文件(Utility Requirements Document)和《欧洲用户对轻水堆核电厂的要求》即 EUR 文件(European Utility Requirements document)，进一步明确了预防与缓解严重事故、提高安全可靠性和改善人因工程等方面的要求。国际上通常把满足 URD 文件或 EUR 文件的核电机组称为第三代核电机组。目前 AP1000、EPR 和我国完全自主核电技术“华龙一号”均属三代核电堆型，其安全性和经济性均较第二代有所提高。

(4)2000 年 1 月，在美国能源部的倡议下，美国、英国、日本、法国等十个国家，联合组成了“第四代国际核能论坛”(GIF)，于 2001 年 7 月签署合约，约定共同合作研究开发第四代核能技术。根据设想，第四代核能方案的安全性和经济性将更加优越，废物量极少，无须厂外应急，并具备固有的防止核扩散的能力。高温气冷堆，熔盐堆，钠冷快堆为具有第四代特点的反应堆。第四代核电厂强化了防止核扩散等方面的要求，部分堆型尚处在原型堆技术研发阶段。

表 1-1　世界在运核电机组(截至 2018 年底)

国家	在运核电机组		2018 年核电占总发电量的份额	
	机组数量	总装机容量/MWe	核电总量/TW·h	核电所占份额/%
美国	98	99 061	808.0	19.3
法国	58	63 130	395.9	71.7
中国	46	42 858	277.1	4.2
日本	38	36 476	49.3	4.6
俄罗斯	36	27 252	191.3	17.0
韩国	24	22 444	127.1	22.3
印度	22	6 255	35.4	2.3
加拿大	19	13 554	94.4	14.9
乌克兰	15	13 107	79.5	53.0
英国	15	8 932	59.1	18.5

我国是世界发展中大国，幅员辽阔，人口众多，人均能源资源占有率较低，分布也不均匀，为保证我国能源的长期稳定供应和实现保护环境的目标，积极推进核电建设，是我国能源建设的一项重要政策，对于满足经济和社会发展不断增长的能源需求，提升我国综合经济实力、工业技术水平和国际地位，都具有重要的意义。截至 2019 年年底，中国大陆目前共有 47 台核电机组在运(见表 1-2)，总装机容量达到48 769.16 MW。此外，中国台湾地区目前共有 6 台核电机组在运，总装机容量为 5 224.0 MW，另外 2 台机组(2 700 MW)一直搁置，未建成投产。我国核电占电力总装机 2.44%，远低于

11%的世界平均水平。我国核电在技术方面日益成熟，不但拥有自主研发的三代技术，还在积极拓展四代技术，为核电行业健康稳定发展提供了坚实有力的技术支持。面对节能减排压力，我国正在大力推进能源结构转型，核电在我国未来能源发展中大有可为。

表 1-2　中国大陆在运核电机组(截至 2019 年底)

核电厂	机组	反应堆型号	机组商运日期
秦山核电厂	1	CNP300	1994/4/1
大亚湾核电厂	1	M310	1994/2/1
	2		1994/5/7
秦山第二核电厂	1	CNP600	2002/4/15
	2		2004/5/3
	3		2010/10/5
	4		2012/4/8
岭澳核电厂	1	CPR1000	2002/5/28
	2		2003/1/8
	3		2010/9/15
	4		2011/8/7
秦山第三核电厂	1	CANDU 6	2002/12/31
	2		2003/7/24
田湾核电厂	1	AES-91 (VVER-1000)	2007/5/17
	2		2007/8/16
	3		2018/2/15
	4		2018/12/22
红沿河核电厂	1	CPR1000	2013/6/6
	2		2014/5/13
	3		2015/8/16
	4		2016/9/19
宁德核电厂	1	CPR1000	2013/4/15
	2		2014/5/4
	3	CPR1000+	2015/6/10
	4		2016/7/21

续表

核电厂	机组	反应堆型号	机组商运日期
福清核电厂	1	CNP1000	2014/11/22
	2		2015/10/16
	3		2016/10/24
	4		2017/9/17
阳江核电厂	1	CPR1000	2014/3/25
	2		2015/6/5
	3		2016/1/1
	4		2017/3/15
	5	ACPR1000	2018/7/12
	6		2019/7/24
方家山核电厂	1	CNP1000	2014/12/15
	2		2015/2/12
三门核电厂	1	AP1000	2018/9/21
	2		2018/11/5
台山核电厂	1	EPR-1750	2018/12/13
	2		2019/9/7
海阳核电厂	1	AP1000	2018/10/22
	2		2019/1/9
昌江核电厂	1	CNP650	2015/12/25
	2		2016/8/12
防城港核电厂	1	CPR1000	2016/1/1
	2		2016/10/1

我国核电发展是新中国成立70多年以来，尤其是近40年来不断深化改革开放、持续融入世界的一个缩影。中国的核电工业通过消化吸收、自主创新，在核电技术研发与工程设计方面取得重大突破。具有完全自主知识产权的三代核电技术“华龙一号”就是中国核电工业发展历程的一张亮丽的“国家名片”。采用“华龙一号”技术的广西防城港3、4号机组、福建福清5、6号机组、广东太平岭1、2号机组、福建漳州1、2号机组等一批新一代核电厂相继建设。随着“一带一路”加速推进，作为当今中国高端制造业的国家名片之一，“华龙一号”正在迈着坚实步伐，稳步走向世界(图1-1)。“华龙一号”海外首堆巴基斯坦K-2/K-3核电项目正在建设。2015年10月，在中国国家主席习近平的见证下，中国广核集团和法国电力集团(EDF)签订了英国新建核电项目的投资协议，采用“华龙一号”技术的英国核电项目BRB随即启动，标志着中国核电技术走向

西方发达国家迈出了坚实步伐。中国已经与世界 20 多个国家签订了核电意向协议，中国正在实现由核电大国向核电强国的转变。中国核电必将在实现中国梦、打造人类命运共同体的征程中发挥重要作用，让核电技术造福人类。

图 1-1 英国核电项目投资协议签字仪式

1.2 核安全相关混凝土结构特点

混凝土结构整体性、可模性、耐久性、耐火性良好，工程造价和维护费用低，在现代人类的工程建设上得到广泛应用。混凝土结构也是核电厂建筑物和构筑物最主要的结构型式，目前世界上主要的核电堆型核岛部分结构基本都是钢筋混凝土结构。核安全相关混凝土结构和普通工业与民用建筑的混凝土结构相比，有如下特点。

(1)功能要求不同。除满足建筑结构的一般功能要求外，还需满足核电厂对结构的特殊要求，如辐射屏蔽要求、密封性要求、外部事件防护要求等。压水堆核电厂的辐射源主要是反应堆及其一回路，乏燃料元件和放射性废物等，主要需要屏蔽的是γ射线和中子。混凝土是很好的辐射屏蔽材料，具有如下特点：密度大，可以有效地吸收γ射线；具有足够的力学强度、热稳定性和化学稳定性；价格低廉，易于取材、加工和建造。混凝土与水、钢(或铅等金属)是核电厂常用的屏蔽材料。因此，压水堆核电厂核岛部分均采用混凝土结构，混凝土结构既承担主体结构功能，同时又承担辐射屏蔽功能，特别是反应堆堆坑和安全壳结构，墙体的厚度基本由辐射屏蔽的要求所决定。核电厂核岛厂房 3D 示意图见图 1-2。核安全相关混凝土结构具有辐射屏蔽和放射性包容的功能要求，因此，需要有一套完整的、与功能要求相匹配的设计理论，要按照核设施结构的功能要求，进行结构分级，确定相应的结构性能要求，并给出相应的设计方法。本书第二章系统研究了核安全相关混凝土结构设计理论和设计方法，第三、四章专题研究了核安全相关混凝土结构的材料要求和安全度，对比了中外规范标准的要求，校准了核安全相关混凝土结构的可靠度指标。从上述三章研究内容中可以窥见核安全相关混凝土结构的设计理论既有对普通工业与民用建筑混凝土结构设计理论一脉相承的传承，也有针对适应核电厂混凝土结构不同要求的探索与拓展。

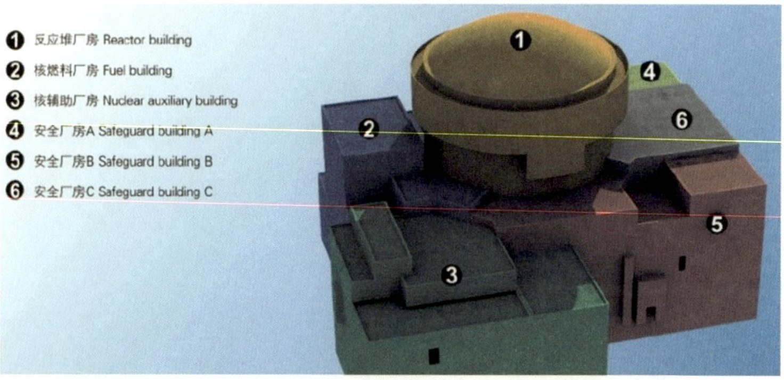

图 1-2 核电厂核岛厂房 3D 示意图

(2)功能决定结构特点。核电厂结构属于特种结构，结构以厚墙、厚板为主。具有如下一些主要特点：工艺系统复杂，导致结构不规则(包括平面布置和竖向布置)，结构典型布置图见图1-3；多为厚墙、厚板结构，结构整体刚度大，整体及层间位移比较小；墙以中厚度墙、长墙为主，面外刚度不能忽略，长墙(低矮墙)面内变形不完全符合平截面假定；楼板以中厚度板为主，在剪力分配中起关键作用，不单纯是受弯构件；单纯的梁、柱构件比较少，梁相对于中厚度板刚度不明显，与传统民用建筑中的梁构件(框架梁、框支梁)受力特点上不完全相同。柱以传递竖向荷载为主，不是传统意义的框架柱、框支柱。针对核电厂混凝土结构本身的特点和环境要求，本书第五至九章系统梳理和研究了核安全相关混凝土结构计算分析方法、截面设计、构造要求、耐久性要求等。特别在抗震设计方法、有限元方法配筋、平面内受剪等方面开展了大量研究工作，在方法理论和工程设计方面积累了宝贵经验，实现了技术突破。

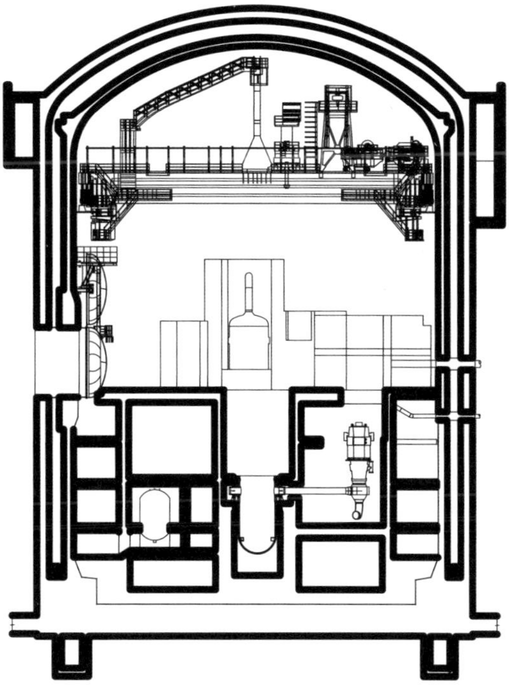

图1-3　结构典型布置示意图

(3)核电厂荷载种类繁多，取值标准普遍较高。大部分荷载与核电厂的运行条件密切相关，如设计基准事故引起的温度、压力，管道破裂产生的喷射冲击和甩击等；考虑了类型繁多的内外部自然事件和人为事件引起的荷载，如水淹、飞射物、外部爆炸、飞机撞击、龙卷风、地震等；荷载的取值标准普遍较高，如风荷载按百年一遇3秒阵风确定，地震作用一般按万年一遇考虑(通常为0.2 g~0.3 g)；除了考虑设计基准之外，还要考虑超设计基准工况，如超设计基准地震、大型飞机撞击等。针对核电厂混凝土结构需要考虑的荷载类型、取值标准、荷载组合要求，以及特殊荷载工况分析等内容在本书各章中均有涉及。

(4)结构设计性能标准更高。如万年一遇地震作用下要求混凝土主体结构保持弹性；压水堆安全壳结构需要通过结构整体性打压试验验证其强度和密封性能；混凝土结构的施工验收标准也严于普通工业与民用建筑。

1.3 关键技术问题及研究开展情况

中广核工程有限公司联合国内的核工业设计院和科研院所开展了系列研究，并与国际同行广泛交流合作，在核电厂混凝土结构研究方面取得了丰硕成果，为提高我国核电厂自主设计水平发挥了突出作用。下面对相关方面的研究情况进行简要综述。

(1)设计理论方面

在设计理论方面，核电厂核安全相关混凝土结构要满足核安全相关物项的要求，首先要满足功能分级要求，其次是要满足承载能力极限状态和正常使用极限状态设计要求，在具体设计中要考虑与核电厂相关的荷载类别和取值要求。核电厂由于工艺复杂，结构不规则，对于结构布置方案也有一些基本原则需要遵循。

设计规范是设计人员进行土木工程设施设计遵守的基本准则，对于保证设施的安全性、适用性和耐久性具有重要的意义。通常各国设计规范与其经济发展、技术水平及经验积累相关，且各国设计规范体系应该是相互协调的，荷载的取值、荷载分项系数和荷载组合方式应该与承载力折减系数或材料分项系数相互匹配，否则会造成安全度的混乱。为了合理把控中国核电厂混凝土结构设计的安全度水平，同时也积极借鉴和吸收国外先进设计方法和理论，开展了核安全相关混凝土结构安全度研究，对中国和美国核相关混凝土规范的设计方法进行了系统分析，采用综合安全系数和可靠度方法对中国和美国规范的安全度水平进行了对比定量分析，给出中国规范与美国规范的设计安全度水平，并基于此提出了中国规范的目标可靠指标，用以指导核电厂混凝土结构设计。

(2)材料方面

在混凝土材料方面，核电厂的设计与施工都采用了成熟的工艺和技术，在核电厂建设中使用了大量的普通混凝土，部分区域根据特殊功能需求(比如辐射屏蔽、施工便利性等)，采用了一些特殊的混凝土。随着对核电安全的重视程度日益提升，采用更优性能混凝土可更好地保障结构安全，从而为工艺系统、设备提供更好的安全防护与保障。因此，结合混凝土技术的发展和核电建设的需要，从混凝土工作性能、复合材料混凝土等方面做了相应的研究与示范应用，如自密实混凝土、纤维混凝土等；在混凝土有害杂质的检测、验收标准等方面开展了相应的科研攻关，如氨含量检测；在超高性能混凝土引入核电工程的可行性上做了相应的调研，形成了应用场景的建议与设想。随着研究深入、扩大工程应用，混凝土新技术能够更好地满足耐久性、特殊功能需求，从而提升核电厂的安全性能。

(3)结构分析研究

在结构分析技术方面，《核动力厂设计安全规定》HAF 102—2016 中明确规定核电厂设计必须适当考虑内部灾害，比如火灾、爆炸、水淹、飞射物、结构坍塌和重物坠落、管道甩击、喷射流冲击等。在工程实践中，一般通过混凝土屏障结构来抵抗内部灾害的作用。国内核电在发展的过程中，对于灾害的防护设计更多的是借鉴引用核电技术引进国的相关要求和工程实践，针对灾害的防护设计采用简化设计，虽然满足了安全要求，但偏于保守。随着计算机程序的发展，数值模拟为解决复杂工程难题提供了新的解决思路，如乏燃料罐跌落的数值模拟、重物坠落产生的振动响应、爆炸波的冲击耦合分析等。目前，国内外已开展了相关的研究，如韩国和美国研究人员开展了钢筋混凝土在飞射物撞击下局部效应的试验研究与数值模拟分析，开展了火灾效应、飞射物穿透和重物跌落实验研究，积累了大量的实验数据。系统研究混凝土屏障结构在冲击、撞击、高温等荷载作用下的破坏形式及结构性能，形成可用于工程设计的简化方法及精细化分析方法。

按照反应谱方法进行核电厂厂房结构抗震设计时，三个方向的地震分量单独计算，将计算结果进行方向组合，通常按照平方和开平方(SRSS)或者 Newmark 方法进行组合来确定地震作用，据此进行抗震设计将偏于保守。核电厂结构地震工况属于配筋控制工况，过度的保守会造成构件配筋较密，导致钢筋绑扎和混凝土浇筑振捣困难。为此，在核电厂结构设计中，引入基于振型谱响应结果的极值包络图分析方法进行地震方向组合以优化配筋设计，其理论和具体方法详见本书第 7.7 节。

(4)构件和截面设计研究

在截面设计方面，核电厂混凝土结构多为长墙、厚板，洞口多且不规则，其受力特点不符合普通混凝土结构截面设计的基本假定。鉴于此，开展了基于有限元单元设计的专题研究，将基于截面的设计方法进行扩展，提出了基于有限元单元的高精度配筋方法，并开发了相应的设计软件系统。该方法以单元为单位，根据单元受力情况分为不同的受力类型。同时，针对不同受力类型单元，建立了不同的配筋计算方法，分别计算各单元在不同工况下的配筋并优化钢筋的摆放位置后，将各单元在不同工况下的包络结果以图形的方式进行显示，并将计算过程中的重要参数以文本形式进行输出，为设计人员开展配筋设计及结构优化提供依据。该设计方法全面覆盖了不同工况下的受力要求，涵盖了结构的每一区域，真实地反映了结构受力状态。尤其对传统构件配筋方法无法覆盖的区域，如洞口周边的应力集中区域、楼板转换部位、墙板交接处等受力复杂的区域提供了极具针对性的配筋设计依据，使得截面设计更为合理。

在混凝土结构极限状态设计方面，核电厂钢筋混凝土墙在控制工况地震作用与内部压力的共同作用下，承受两个方向的薄膜拉力和平面内剪力，其平面内的应力状态远比普通民用结构的钢筋混凝土剪力墙复杂。为此，提出了平面内受剪计算公式，并采用塑性极限理论分析了合理性。同时也对沿特定截面滑移的剪摩擦问题，对比分析了中、美、欧规范的规定，提出相应的计算公式。核电厂混凝土结构的另一个特点是结构尺度大，混凝土自身收缩不容忽视，同时在事故荷载下存在高温作用，因此非荷载原因产生的裂缝是核电厂混凝土结构设计关注的一个重点问题。针对非荷载裂缝的计算方法借鉴了欧洲规范的相关规定，提出了采用基于变形协调原理计算非荷载裂缝的方法。

(5)耐久性研究

混凝土结构的耐久性设计是一个系统工程，贯穿于材料、设计、施工、使用中的维护等各个环节。耐久性设计需考虑环境类别与环境作用等级，设计使用年限，材料要求，构造规定及相关措施。混凝上耐久性是环境及环境中各种介质对混凝土的物理和化学作用，不同环境中混凝土耐久性劣化的机理是不同的，所以应根据结构所处环境及环境的作用等级对混凝土结构采用不同的耐久性措施。核安全相关混凝土结构所处环境有其自身特点，在参考现行国家标准《混凝土结构耐久性设计规范》GB/T 50476—2008 中环境类别和作用等级的划分的基础上，对核安全相关混凝土环境类别及作用等级进行了系统研究，并给出了相应的技术规定。

(6)超设计基准评估方法研究

核电力厂设计必须提供适当的裕量，在超设计基准事故下，保护用于防止早期放射性释放或大量放射性释放所需的物项。针对核电厂混凝土结构而言，要求结构设计本身具有适当的裕量，当超设计基准事故(如超设计基准地震、大飞机撞击等)发生时，结构仍能保证实现其安全功能，进而为防止早期放射性释放或大量放射性释放提供支持，如：放射性物质包容、对安全相关物项的支撑作用、结构整体稳定、提供内部或外部灾害的防护等。

超设计基准事故作用下，核电厂建构筑物应根据其安全功能要求采用相应的评价准则进行评价，一般可按照以下三种“最佳估计值”方法进行评价：考虑模型或材料非线性的数值分析法；基于设计经验和规范折减系数的简化分析法；高置信度低失效概率评估法(HCLPF)。

对于压水堆核电厂混凝土结构，目前超设计基准评估主要是针对安全壳结构的极限承载能力分析和厂房结构地震裕量评估。前者是评估严重事故下安全壳结构的工作性能及其极限承载能力，为评估安全壳安全性和可靠性提供重要指标。后者是评估当超设计基准地震发生时结构的抗震能力，为评估超设计基准地震下结构实现其安全功能的能力提供重要基础。

(7)结构实验研究

结构实验研究的主要工作有：

1)安全壳结构模型实验

压水堆核电厂安全壳作为防止核泄漏的最后一道实体屏障，结构复杂，设计合理性和安全裕量需要通过实验进行验证。中广核工程有限公司联合中国冶金研究设计院开展了国内最大的安全壳结构 1：4 模型实验(见图 1-4)，主要研究安全壳结构在设计内压及不同内压状态下的工作性能、极限承载能力和破坏模式。验证新一代安全壳预应力体系布置的合理性、可靠性，模拟安全壳在严重事故工况下的反应及事故后结构的完整性和破坏机理，为验证设计理论和方法提供重要支撑。

2) 预应力钢束锚固性能实验

安全壳结构一般通过施加预应力来保持结构优异的承压性能，黏结预应力钢束在套筒中穿束张拉后进行灌浆，预应力筋在套筒中的锚固性能对研究安全壳受力机理以及评估在钢束失效后安全壳的结构安全裕量有重要的指导意义。为此，中广核工程有限公司开展了原比例预应力钢束锚固性能实验(见图 1-5)，着重研究预应力筋与灌浆体间的黏结性能，分析预应力钢束受力机理。开展多类型预应力筋锚固、黏结性能试验，根据试验结果分析确定大直径预应力筋的锚固长度和预应力筋-混凝土黏结本构关系；研究安全壳关键部位部分预应力筋断裂对安全壳结构功能和安全性的影响。

图 1-4　安全壳结构模型实验

图 1-5　预应力钢束锚固性能实验

3) 钢衬里锚固系统试验

压水堆核电厂一般通过在安全壳内侧设置钢衬里来实现壳体的密封功能，确保对放射性物质实现包容。钢衬里通过锚固系统预埋在混凝土结构中，锚固系统的作用是加固钢衬里板，保证在施工和运行阶段钢衬里的稳定性。钢衬里在运行和事故工况荷载作用下的计算分析，需要将锚固系统模拟为弹簧单元，作为钢衬里模型的边界条件。获得钢衬里锚固系统在荷载作用下的力学性能参数是钢衬里设计计算的一个关键性的问题。国内外相关规范中没有现成的数据可以参考，只能通过试验获得这些数据。中广核工程有限公司开展了安全壳钢衬里锚固系统性能参数实验研究。通过试验，形成一套完整的安全壳钢衬里锚固系统性能参数，解决了安全壳钢衬里锚固系统设计的关键技术问题。

4) 飞机撞击实验研究

考虑大型商用飞机撞击是三代核电堆型设计的典型特征之一。国内外针对大型商用飞机撞击的研究主要以数值仿真为主，缺少相关实验的支撑，对于部分撞击破坏机理的研究还存在不足。飞机撞击会对核电厂结构产生多种破坏效应。中广核工程有限公司针对各种破坏效应开展了飞机撞击系列实验研究，主要包括飞机缩比模型撞击厂房结构实验、引擎缩比撞击混凝土靶体实验、典型设备在冲击振动下的破坏实验、撞击下燃油的火灾模拟实验等。通过实验研究进一步阐明飞机撞击的破坏机理，建立撞击能量和侵彻深度的关系，优化飞射物侵彻预测公式，保证撞击分析的可靠性。飞机撞击下结构将引起显著的结构振动效应，该效应将传递给安全相关的设备，在国内首次开展了核电厂典型设备的振动冲击试验(见图 1-6)，阐明了在振动冲击下设备的破坏形态和规律，形成了飞机撞击下设备安全评价的验收准则。

图 1-6　典型设备冲击振动试验

(8)国际合作

在核电厂混凝土结构研究领域，中广核工程有限公司利用 GPA 合作机制(Global Partnership Agreement)，为中国广核集团公司(CGN)与法国电力公司(EDF)之间签署的全球合作协议)开展广泛合作。其中，在安全壳结构模型实验技术议题中，CGN 和 EDF 利用各自建造的一座安全壳缩尺模型实验开展交流合作(见图 1-7)。CGN 模型实验的主要目的为验证包含钢衬里的安全壳结构极限承载能力，EDF 模型实验的主要目的为研究安全壳老化性能。通过两种类型模型实验交流以及数据共享合作，双方加强了在该技术领域中的技术储备。另外，在钢衬里锚固性能实验、钢板混凝土实验、无损检测实验、拉压杆模型实验研究等方面也开展了卓有成效的交流合作，通过国际合作推动核电厂混凝土结构技术进步。

图 1-7　EDF 安全壳结构实验

参考文献

[1] 国际原子能机构. 2050 年能源、电力及核能预测. 维也纳，2019.

[2] 国际原子能机构. 核电：通往未来无碳之路. 维也纳，2020.

[3] 国家发展和改革委员会. 核电中长期发展规划(2005-2020 年). 北京，2007.

[4] 苏州热工研究院有限公司. 核电信息周刊及综合资讯(总第 864 期). 苏州，2020.

第二章

结构设计方法

2.1 结构设计内容和流程

核电厂设计必须把实现国家核安全法规所规定的核安全目标放在首要位置。《核动力厂设计安全规定》HAF 102—2016 明确规定了核电厂的核安全目标，要求保证在所有运行状态下核电厂内的辐射照射低于规定限值并且合理可行尽量低，保证减轻任何事故的放射性后果；采取一切合理可行的措施防止核动力厂事故，并在一旦发生事故时减轻其后果；在设计核动力厂时考虑所有可能的事故，包括概率很低的事故，要以高可信度保证任何放射性后果尽可能小且低于规定限值；并保证有严重放射性后果的事故发生的概率极低。

为保证上述安全目标，HAF 102 也对设计提出了明确要求：

(1)首先确定属于安全重要物项的所有构筑物、系统和部件，然后根据其安全功能和安全重要性分级。它们的设计、建造和维修必须使其质量和可靠性与这种分级相适应。

(2)在正常运行、预计运行事件和设计基准事故的设计基准中，必须采用保守的设计措施和良好的工程实践，以保障不会发生反应堆堆芯的任何重大损坏；辐射剂量保持在规定限值内，并合理可行尽量低。

(3)除设计基准外，设计中还必须考虑核动力厂在特定的超设计基准事故包括选定的严重事故中的行为。这些评价所使用的假设和方法可以最佳估算为基础。

(4)内部灾害：设计时必须考虑核电厂可能发生的各种内部灾害，包括火灾、内部爆炸、内部水淹、飞射物、管道甩动、喷射流冲击、重物跌落等。并且要根据事故发生的场景考虑不同灾害之间的组合。

(5)外部灾害：设计时必须考虑各种可能的外部自然灾害和人为事件。自然灾害包括地震、龙卷风、洪水以及各种极端气象条件。人为事件包括爆炸、小型飞机撞击及大型飞机的恶意撞击。

核电厂核安全相关结构设计时除了满足功能要求外，还要满足法规所规定的上述要求，因此，核安全相关结构设计和普通的工业与民用结构设计相比无论是设计内容和方法都有很大的不同。核安全相关结构设计的内容通常包括确定厂房结构方案、结构分级和分类、确定结构性能要求、设计基准范畴的结构分析和设计、超设计基准范畴的结构评估、设计验证、施工和在役检查要求、退役设计等内容，核安全相关混凝土结构设计流程如图 2-1 所示。

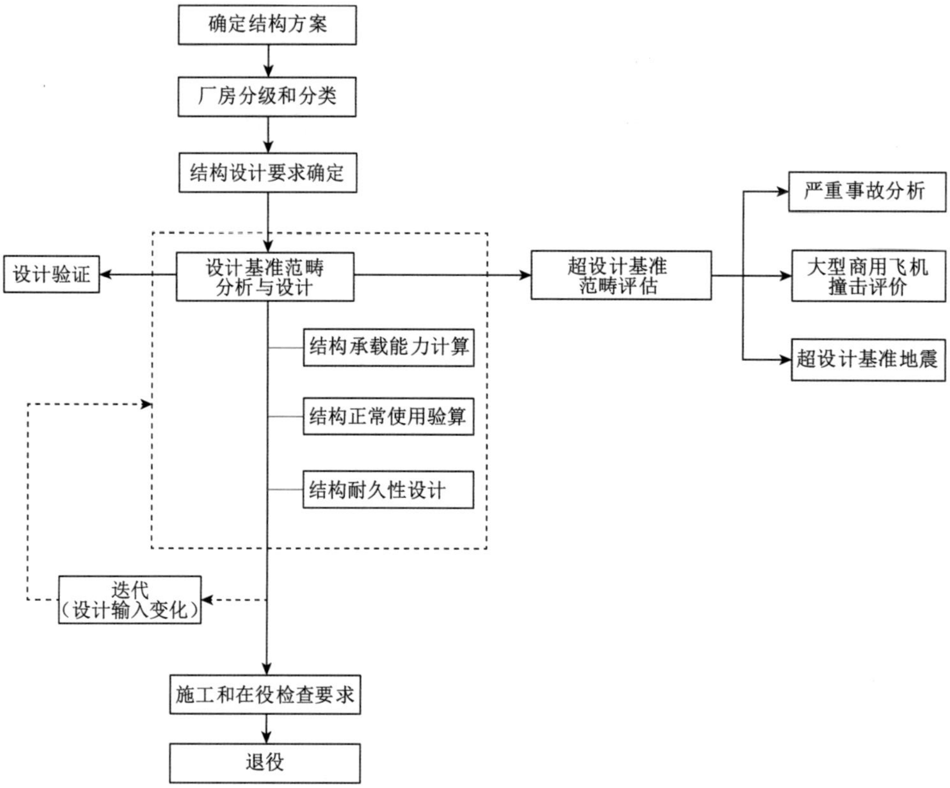

图 2-1　核安全相关混凝土结构设计工作内容和流程图

2.1.1　确定结构方案

确定核电厂建构筑物结构方案时既要考虑其使用要求，也要考虑其承担的核安全功能要求。这些要求包括。

(1)支撑系统和设备：厂房需要为系统和设备的正常运行提供支撑功能，包括提供足够的墙板承载强度、限制墙板的变形等；

(2)内、外部灾害防御：厂房的外墙、屋顶和内部混凝土屏障将为厂房内的物项提供防御内外部灾害功能；

(3)放射性屏蔽与包容：在正常运行和事故条件下保护工作人员免受放射性物质的伤害、防止放射性物质对环境的影响；

(4)提供室内环境：厂房的结构布置结合暖通系统，为厂房内的系统、设备以及人员提供合适的环境条件；

(5)安全退役：厂房在设计阶段需要具备便于退役的设计特征，以满足核电厂最终安全、经济地退役的要求。

在保证上述厂房安全功能的前提下，根据厂房的工艺和设备布置方案来确定厂房结构方案，同时考虑厂房荷载及辐射屏蔽防护要求，来初步确定结构构件尺寸，选定材料的类型和强度等级，合理确定变形缝的设置和构造形式。

2.1.2　结构分级和分类

为了确定结构的设计、建造及维修要求，保证结构在所有预期的运行工况下有适宜的质量，确保安全功能的实现，必须根据厂房功能要求及重要程度进行分级和分类。结构分级应包括安全等级、抗震类别、规范等级和质量保证等级的划分。

2.1.3　确定结构设计要求

根据厂房的安全功能要求，以及厂房的安全功能分级和抗震设计分类来明确厂房的结构设计要求，这些设计要求通过选用合适的规范和设计方法来实现。这些设计要求具体包括。

(1)强度设计：在核电厂施工阶段和正常运行时，厂房能承受可能出现的各种荷载作用及规范要求的荷载组合。

(2)稳定设计：在设计规定的偶然事件发生时及发生后，厂房结构仍能保持必须的整体稳定性。

(3)耐久性设计：在核电厂设计寿期内，厂房在正常维护下应具有足够的耐久性能。

(4)正常使用要求：厂房在核电厂正常运行时应具有良好的工作性能，包括裂缝和变形的限制、振动控制等。

(5)防水和气密：预应力安全壳作为放射性包容的第三道屏障，需要具有气密功能。此外，在厂房内具有较多的水池，如乏燃料水池和反应堆换料水池等，根据水池的功能要求，水池墙板需具有防水功能。

2.1.4　设计基准范畴结构分析与设计

为了满足核电厂的功能和性能要求而必须考虑的作为核电厂设计基准的事件、事故、条件等，总称为设计基准范畴，包括设计基准事故、外部自然事件、外部人为事件及其他设计条件(厂址及工艺条件)等。设计基准范畴的结构分析和设计内容包括：

(1)结构承载能力的计算，包括倾覆、滑移、抗浮；

(2)结构正常使用状态的计算，包括挠度、裂缝、振动等；

(3)结构耐久性。

2.1.5　超设计基准范畴评估

设计必须考虑超设计基准范畴，超设计基准范畴下应考虑提供适当的裕量，保护用于防止早期放射性释放或大量放射性释放所需的物项；提高核电厂应对设计扩展工况和超设计基准外部事件的能力，提高核电厂的安全性。

超越设计基准范畴的工况，包括设计扩展工况和超设计基准外部事件：

(1)严重事故(堆芯融化)；

(2)超设计基准地震；

(3)大型商用飞机撞击。

对超设计基准地震需评估厂房结构有合理的裕量。一般采用高置信度低失效概率评估法进行评估，具体通过计算结构抵抗地震作用的实际能力，并与对应的设计地震作用进行对比，进而评估结构设计的裕量。

抗大型商用飞机撞击是先进核电堆型的特征之一，结构抗飞机撞击防护设计应保证安全壳完整和乏燃料水池完整。安全壳保持完整，即通过结构分析表明安全壳未被穿透，且在假设的堆芯损坏事件下，确保有效的缓解措施投运之前不会造成安全壳超压。乏燃料水池保持完整，即通过结构分析表明，大型商用飞机撞击乏燃料水池墙体及其支撑结构不会导致乏燃料水池安全运行最低水位线以下的位置发生泄漏。

2.1.6 设计验证

考虑到核安全相关结构的重要性，结构计算方法、模型和参数的有效性需得到验证。设计验证的内容主要包括：

(1)计算软件确认和验证：商用软件的使用核实和自主开发软件的验证；

(2)设计方法验证：采用不同的设计软件或手算进行验证；

(3)计算模型验证：包括几何尺寸和质量确认、网格划分确认、结构特性验证以及边界条件模拟验证等；

(4)试验验证：包括安全壳结构完整性和密封性试验、水池的水密试验、可居留边界的气密试验、预应力筋孔道摩擦试验等。

2.1.7 施工和在役检查要求

良好的施工质量和定期的检查和维护是结构实现其安全功能的重要保证。结构设计时应规定结构的建造质量要求，需在技术规格书中明确材料性能要求、施工质量要求及试验验收要求等。在核电厂整个寿期内，需要对厂房结构进行在役检查、维护、检测和试验，以证明厂房结构满足安全功能要求和可靠性目标。在役检查的内容包括，厂房结构的变形和沉降监测、可能的裂缝和泄漏等。

2.1.8 退役设计的内容与要求

核电厂退役是指核电厂在商业运行结束后，经过去污与拆除，达到厂址不受限制利用的过程。退役设计的目的是便于核电厂安全、经济地退役，对工作人员和公众产生可以接受的极少危害，并尽量降低对环境的影响。在设计阶段必须专门考虑核动力厂便于退役和拆除的措施。特别是设计中必须考虑以下事项。

(1)选取合适的建筑材料，在保证结构性能要求的前提下，尽可能选择不易活化的材料；

(2)必要的可达性；

(3)贮存核动力厂运行和退役中产生的放射性废物所需的设施；

(4)结构拆除的顺序与原则。

2.2 结构分级与分类

根据《核动力厂设计安全规定》HAF 102 要求，核电厂设计时需要识别所有安全重要物项，并根据其功能和安全重要性对其进行分级。分级的目的是确保物项的设计、制造、建造、调试和运行采用恰当的要求，以确保物项在所有预期的运行工况下有适宜的质量，确保安全功能的实现。结构分级包括安全等级、抗震类别、规范等级和质量保证等级的划分。安全分级是最关键的分级，对每一个具体的分级对象应首先确定安全等级，然后再确定抗震类别、规范等级和质量保证等级。通过分级确定抗震设计要求、明确采用的设计规范，提出相应的质量保证要求。

2.2.1 安全等级

核电厂建、构筑物分为安全级和非安全级。

在确定安全等级时，既要考虑物项承担的安全功能又要考虑物项所承担安全功能的重要程度，HAF 102 明确要求，必须保证核动力厂在所有状况下实现下列基本安全功能。

(1)控制反应性；

(2)排出堆芯热量，导出乏燃料贮存设施所贮存燃料的热量；

(3)包容放射性物质、屏蔽辐射、放射性的计划排放，以及限制事故的放射性释放。

对于核安全相关建构筑物具有两个功能，第一个功能是保护结构内的系统防止外部灾害，限制内部灾害的后果，包容和支撑主回路或任何安全级的系统和设备。第二个功能用于减轻构筑物内潜在故障引起的放射性后果，执行该功能的建构筑物在事故期间起到放射性屏障作用。凡承担或支持以上功能的，其损坏可直接或间接造成事故的建、构筑物均为安全级。压水堆核电厂典型的安全级厂房和构筑物有：反应堆厂房、燃料厂房、核辅助厂房、安全厂房/电气厂房、柴油发电机厂房、安全厂用水泵房等。核电厂中承压机械设备分为安全 1 级、安全 2 级、安全 3 级和非安全级。反应堆安全壳由于事故时有承受压力的功能，通常列为安全 2 级。

除安全级以外的所有建、构筑物为非安全级。非安全级厂房中应识别出有特殊要求的构筑物，如不执行安全功能但在安全上非常重要，并要求在发生极端灾害后仍能继续工作的结构。

2.2.2 抗震类别

核电厂所有结构分为三个抗震类别：抗震 1 类、抗震 2 类和非核抗震类。

所有安全级厂房和构筑物都属于抗震 1 类；抗震 1 类结构需要满足地震期间或地震后保证所支撑的重要系统具有可运行性、结构完整性和整体稳定性。抗震 1 类结构均要承受极限安全地震动载荷。

非抗震 1 类的设备和构筑物若因地震引发内部灾害可能会对抗震 1 类结构造成不可接受的影响，这些构筑物为抗震 2 类，由地震引发的不可接受的影响可能来自下列次生的内部灾害：构筑物的倾倒，飞射物、管道、容器和蓄水池故障导致的水淹、爆炸、火灾。抗震 2 类需要在地震下保证结构的整体性。

抗震 1、2 类以外的结构属于非核抗震类，非核抗震类可按常规的工业与民用抗震规范进行设计。

2.2.3 规范等级

在确定规范等级时，首先要考虑安全等级，其次还要考虑结构的工作条件(压力、温度、载荷循环情况等)。所有安全级厂房应执行核安全相关的规范和标准，这些规范和标准必须是国家有关监管机构认可的合适的国家或国际标准和工程实践。国内核安全相关的规范和标准主要有：

(1)核电厂混凝土结构技术标准：GB/T 51390—2019；

(2)核电厂抗震设计规范：GB 50267—1997；

(3)压水堆核电厂核安全有关的混凝土结构设计要求：NB/T 20012—2010；

(4)核电厂厂房设计荷载规范：NB/T 20105—2012；

(5)压水堆核电厂预应力混凝土安全壳设计规范：NB/T 20303—2014。

2.2.4 质保等级

质保等级的高低首先要依据安全等级，其次还要考虑物项设计建造经验、工艺成熟度。对所有安全级的土建构筑物，应有一个与核安全法规要求相一致的质保大纲。

2.3 设计基准范畴的结构设计理论与方法

核安全相关混凝土结构设计应符合安全性、适用性、耐久性及可建造性相关要求。结构在规定的使用年限内应能够承受各种设计工况的最不利荷载组合作用，满足设计规定的承载能力要求和结构的整体稳定性要求；在使用期间具有良好的工作性能，保持与不同的设计工况相适应的功能和性能要求；在正常使用和维护条件下应具有足够的耐久性；在发生设计事故和极端灾害时，能保持放射性物质包容能力；针对结构的构造特征，在设计阶段应考虑制造、建造、装配和安装等要求。为满足上述要求，在正常运行、预计运行事件和设计基准事故的设计基准中，必须采用保守的设计措施和良好的工程实践。

核安全相关结构在设计基准范畴下采用以概率理论为基础的极限状态设计方法，以可靠度指标度量结构构件的可靠度，采用分项系数的设计表达式进行设计。

整个结构或结构的一部分超过某一个特定状态就不能满足设计规定的某一功能要求，此特定状态为结构的极限状态，厂房的极限状态可分为两类：承载能力极限状态和正常使用极限状态。

2.3.1 承载能力极限状态

当结构或构件出现下列状态之一时，可认为超过了承载能力极限状态：

(1)整个结构或结构的一部分作为刚体失去平衡，如整体倾覆、滑移、地下水作用下结构整体上浮；

(2)结构构件或连接达到最大承载力(包括疲劳)；

(3)结构塑性变形过大而不适于继续使用；

(4)结构或构件丧失稳定，如细长受压构件的压屈失稳；

(5)结构形成几何可变体系。

结构进行承载能力极限状态计算包括下列内容：

(1)结构构件应进行承载力(包括失稳)计算；

(2)直接承受重复荷载的构件应进行疲劳验算；

(3)承受冲击荷载的构件应对结构完整性进行验算，如飞射物引起的局部贯穿、混凝土碎甲等；

(4)应验算结构的整体稳定性，包括倾覆、滑移、漂浮验算；

(5)对遭受罕遇作用，且倒塌可能引起严重后果的重要结构，应进行防倒塌设计。

混凝土结构构件按承载能力极限状态设计时，应符合下式要求：

$$S_d \leqslant R_d \tag{2-1}$$

$$R_d = R(f_c, f_s, a_k \cdots) \tag{2-2}$$

式中：

S_d——承载能力极限状态下作用组合的效应设计值，结构上的各种作用(如荷载、不均匀沉降、温度变形、收缩、地震等)产生的效应总和的设计值(弯矩、轴力、剪力、扭矩等)；

R_d——结构构件的抗力设计值，结构抵抗作用效应的能力，如承受弯矩、剪力等能力；

$R(\cdot)$——结构构件的抗力函数；

f_c，f_s——混凝土、钢筋的强度设计值；

a_k——几何参数的标准值。

整个结构或其一部分作为刚体失去平衡的承载能力极限状态设计时，应符合下式要求：

$$R_{d,\ stb}/S_{d,\ dst} \geqslant k \tag{2-3}$$

式中：

$S_{d,\ dst}$——不平衡作用效应的设计值；

$R_{d,\ stb}$——平衡作用效应的设计值；

k——安全系数。

安全系数的取值：严重环境荷载(包括风荷载、运行安全地震)组合的效应设计值，采用1.5；极端环境荷载(包括龙卷风、极限安全地震)荷载组合的效应设计值，采用1.1；抗浮验算时，考虑浮力荷载标准值，采用1.1。

2.3.2 正常使用极限状态验算

正常使用极限状态为结构或结构构件达到正常使用的某项规定限值或耐久性能的某种规定状态。当结构或构件出现下列状态之一时，应认为超过了正常使用极限状态：影响正常使用或外观的变形或侧移，过大的变形可能会影响吊车等设备的正常运行；影响正常使用和耐久性能的裂缝；影响正常使用的振动及其振动引起的噪音；影响事故下对放射性物质的包容能力。

按下列规定进行正常使用极限状态验算：

(1)对需要控制变形的构件，应进行变形验算；

(2)对不允许出现裂缝的构件，应进行混凝土拉应力验算；

(3)对允许出现裂缝的构件，应进行受力裂缝宽度验算；

(4)对舒适度有要求的楼盖结构，应进行竖向自振频率验算。

混凝土结构构件按正常使用极限状态设计时，应符合下式要求

$$S \leqslant C \tag{2-4}$$

式中：

S——正常使用极限状态荷载组合的效应设计值，各种作用产生的效应总和，如挠度、裂缝等效应；

C——结构构件达到正常使用要求所规定的限值。

当进行以满足结构构件耐久性为目的的裂缝宽度计算时，可采用正常使用荷载组合的效应设计值，裂缝宽度限值按《核电厂混凝土结构技术标准》(GB/T 51390—2019)执行。当评价在事故情况下混凝土放射性屏蔽和包容能力时，裂缝计算应采用与事故工况荷载组合的效应设计值。裂缝宽度限值以及是否允许出现贯穿性裂缝应根据安全功能确定。

对于支撑重要设备的楼板尚应进行自振频率的验算，避免与设备发生共振，降低设备通过混凝土构件传递的噪音。

2.3.3 荷载及荷载组合

2.3.3.1 荷载

核安全相关结构设计时要根据核电厂运行状态及其可能承受的内外部灾害确定设计荷载，通常要考虑六类荷载：正常运行荷载、异常运行荷载、严重环境荷载、极端环境荷载、内部飞射物和外部人为事件引起的荷载。

(1)正常荷载

正常荷载包括永久荷载(D)、活荷载(L)、雪荷载(S)、正常运行或停堆期间的温度作用(T_o)、正常运行或停堆期间管道和设备的反力(R_o)、启动卸压阀或其他高能装置引起的荷载(G)等；

(2)异常荷载

异常荷载包括由设计基准事故引起的压力荷载(P_a)、温度作用(T_a)、管道和设备反力(R_a)、局部荷载(R_r)，内部水淹作用荷载(H_a)；

(3)严重环境荷载

包括风荷载(W)、运行安全地震作用(E_1)；

(4)极端环境荷载

包括龙卷风(W_t)、极限安全地震作用(E_2)；

(5)内部飞射物引起的撞击荷载(A_1)

(6)外部人为事件引起的荷载

包括外部爆炸引起的冲击波荷载(A_2)、外部飞射物引起的荷载(A_3)等。

结构设计的荷载取值，应根据厂址条件、工艺要求或现行国家相关标准的规定确定。

2.3.3.2 荷载组合

结构设计应根据结构功能和性能要求，按承载能力极限状态和正常使用极限状态分别定义荷载组合。

(1)承载能力计算的荷载组合

核安全相关混凝土结构按承载能力极限状态下的效应设计值应根据下列荷载组合确定。

1)正常运行:

$1.4D+1.7L+1.7R_0$

$1.05D+1.3L+1.05T_0+1.3R_0$

2)正常运行加严重环境:

$1.4D+1.7L+1.7\ E1+1.7R_0$

$1.4D+1.7L+1.7W+1.7R_0$

$1.05D+1.3L+1.3\ E_1+1.05T_0+1.3R_0$

$1.05D+1.3L+1.3W+1.05T_0+1.3R_0$

3)正常运行加极端环境:

$D+L+T_0+R_0+E_2$

$D+L+T_0+R_0+W_t$

4)异常运行:

$D+L+T_a+R_a+1.25P_a$

5)异常运行加严重环境:

$D+L+T_a+R_a+1.15P_a+R_r+1.15E_1$

6)异常运行加极端环境:

$D+L+T_a+R_a+P_a+R_r+E_2$

7)正常运行加内部飞射物:

$D+L+T_0+R_0+A_1$

8)正常运行加外部人为事件:

$D+L+T_0+R_0+A_2$

$D+L+T_0+R_0+A_3$

注:若判断其他极端环境荷载(如极端洪水)对核安全相关混凝土结构有影响,则应考虑附加的荷载效应组合,用该项极端环境荷载效应代替正常运行加极端环境组合中的。

上述所列各种荷载效应组合中的任何一种荷载足以减小其他荷载的效应时,且该荷载经常出现或与其他荷载同时发生,则该荷载效应的荷载分项系数应取 0.9,否则取 0。

上述组合中,除非经时程分析确认可取较低的值外,P_a、T_a、R_a、R_r应取最大效应值。

(2)结构整体稳定性验算的荷载组合

混凝土结构应根据功能要求进行抗滑、抗倾覆和抗浮整体稳定性验算。

$D+L+W$

$D+L+E_1$

$D+L+W_t$

$D+L+E_2$

(3) 正常使用极限状态的荷载组合

核安全相关混凝土结构正常使用极限状态的荷载组合，应根据正常使用极限状态的要求验算正常运行工况下的变形，按核安全相关混凝土结构承载能力极限状态的荷载组合中各种荷载效应组合进行计算，此时荷载效应分项系数均取 1.0。

核安全相关混凝土结构正常使用极限状态的荷载组合，按正常使用极限状态的要求进行受力裂缝验算时的效应设计值，应根据下列荷载组合确定。

$D+L+T_0+R_0$

2.4 超设计基准范畴评估

核动力厂设计必须提供适当的裕量，在超设计基准范畴内，保护用于防止早期放射性释放或大量放射性释放所需的物项。其中超设计基准范畴包含设计扩展工况和超设计基准外部事件。

针对建构筑物而言，要求结构设计本身具有适当的裕量，在超设计基准范畴下，结构仍能保证实现其安全功能，进而为防止早期放射性释放或大量放射性释放提供支持，如：放射性物质包容、对安全相关物项的支撑作用、结构整体稳定、提供内部或外部灾害的防护等。

2.4.1 结构评估方法

对于超设计基准范畴，荷载或作用的取值可根据工艺条件确定，建构筑物的验收准则，应结合建构筑物的安全功能要求分析确定。

对于超设计基准范畴，建构筑物的评估一般基于最佳估算方法，可采用以下三种方法进行评价。

(1)考虑模型或材料非线性的数值分析法；

(2)基于设计经验和规范折减系数的简化分析法；

(3)高置信度低失效概率评估法。

其中高置信度低失效概率评估法，在国内外核动力厂建构筑物的超设计基准范畴评价中广泛应用，本文重点介绍其主要流程。

2.4.2 高置信度低失效概率评估法概述

高置信度低失效概率评估法，通过计算结构抵抗超设计基准范畴内荷载或作用的实际能力，进而评估结构设计的裕量。在该方法中，结构的实际能力通过高置信度低失效概率(HCLPF)值来表征，一般置信度水平取为95%，失效概率取为5%。高置信度低失效概率值采用荷载或作用的强度水平来表达，即在95%的置信度水平下，结构在该荷载或作用下发生不可接受破坏的概率为5%。HCLPF值可采用保守的确定性裕量分析方法(Conservative Deterministic Failure Margin，CDFM)或易损度分析方法(Fragility Analysis，FA)计算，美国核管会(NRC)、美国电力研究院(EPRI)和法国核岛设计协会(AFCEN)均做过详细的研究，并有相应的方法推荐，必要时可参考使用。

CDFM方法为一种简化计算方法，具体计算流程可参考美国电力研究院(EPRI)出版的报告《A Methodology for Assessment of Nuclear Power Plant Seismic Margin》(EPRI NP-

6041–SL)。本文主要介绍易损度分析方法，即 FA 方法。

2.4.2.1　易损度分析方法原理

针对超设计基准范畴内的结构评价，易损度分析方法主要基于结构或构件的易损度分析，易损度确定后，即可获得对应的高置信度低失效概率(HCLPF)值。结构或构件的易损度是指在给定的荷载或作用输入下构件发生失效的条件概率。

对于结构或构件而言，易损度模型一般可采用对数正态分布模型，模型中包含三个参数，即：能力中值(A_m)及其对应的随机不确定性的对数标准差(β_r)和认知不确定性的对数标准差(β_u)。双对数正态分布模型对应的易损度曲线如图 2-2 所示，反映了在不同置信度水平下，不同水平的荷载或作用对应的结构或构件的条件失效概率。

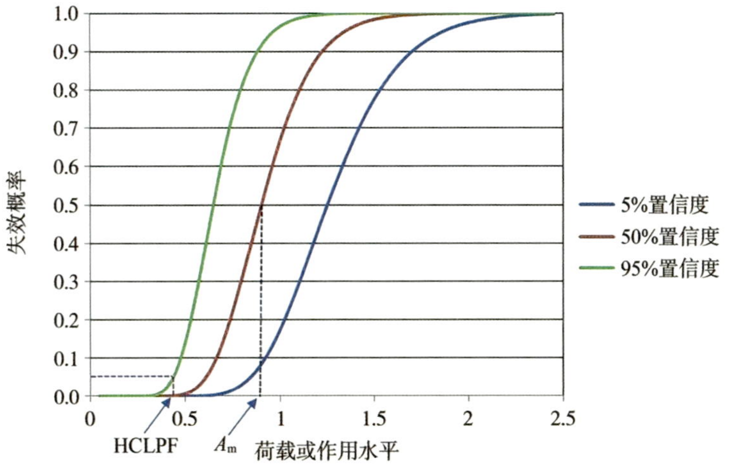

图 2-2　易损度曲线示意图

2.4.2.2　易损度分析方法主要步骤

针对建构筑物的超设计基准范畴评价，易损度分析方法主要包含以下步骤。

(1)分析结构的失效模式；

(2)识别确定 HCLPF 评估中必须考虑的失效模式；

(3)确定失效模式对应的材料参数的中值和标准偏差；

(4)评估失效模式对应的中值能力；

(5)针对中值能力，评估由于认知不确定性和随机性引起的对数标准偏差；

(6)计算 HCLPF 值。

2.4.2.3　易损度分析方法主要技术要求

易损度分析方法的主要技术要求如下：

(1)失效模式

通过收集分析建构筑物的设计信息和计算资料，并进行现场踏勘以核实其实际状态，结合工程师的设计经验，确定建构筑物可能的失效模式，一般包括整体失稳、剪切破坏、弯曲破坏和冲切破坏等。

针对各种可能的失效模式，根据不同的分析目的，确定需要开展详细 HCLPF 评估的潜在失效模式，一般需要结合建构筑物的安全功能要求来综合判断。

(2)材料参数的中值和标准偏差

为减少分析的不确定性，可根据现场实际数据，来确定材料参数的中值和标准偏差。如果无法获得实际数据，则可根据相关规范、出版文献及工程经验数据来确定。

(3)评估失效模式对应的中值能力

如果可能，尽量采取以试验为基础得更为准确的计算公式来确定某种失效模式对应的建构筑物的实际能力中值(A_m)，如剪力墙的抗剪能力、梁柱的抗弯能力等，以避免引入过多的保守性。同时针对计算公式的不确定性，需在后续的不确定性系数中予以考虑。

(4)认知不确定性和随机不确定性

针对建构筑物的中值能力，考虑到设计输入、材料参数、计算方法等各个环节中存在一定的认知不确定性和随机不确定性，通过近似二阶矩方法、二阶矩方法或蒙特卡洛模拟等方法，计算中值能力对应各因素的认知不确定性系数(β_u)和随机不确定性系数(β_r)。当认为各因素符合统计上的独立性时，中值能力对应的整体不确定性系数可采用各因素的不确定系数，通过平方和开根号(SRSS)计算，具体如以下公式所示。

$$\beta_u = \sqrt{\sum_{i=1}^{n} \beta_{ui}} \quad (2\text{-}5)$$

$$\beta_r = \sqrt{\sum_{i=1}^{n} \beta_{ri}} \quad (2\text{-}6)$$

(5)HCLPF 值计算

一般认为建构筑物的能力符合对数正态分布，结合前续求出的能力中值(A_m)以及认知不确定性系数(β_u)和随机不确定性系数(β_r)，即可根据对数正态分布的规律，得到 HCLPF 值，具体计算公式如下所示。

$$\text{HCLPF} = A_m \cdot e^{-1.65(\beta_u + \beta_r)} \quad (2\text{-}7)$$

2.5 结构方案

2.5.1 结构布置要求

核电厂由用途不同的许多建、构筑物组成，其中最复杂、最重要的建、构筑物是核岛厂房，典型的压水堆核电站核岛厂房由反应堆厂房、燃料厂房、核辅助厂房、安全厂房等组成。这些厂房结构不仅要承担正常运行时的各种作用，还要保证在发生设计基准事故和极端灾害情况下结构具有一定的裕量，在发生严重事故和超设计基准灾害下结构具有一定的能力，防止核电厂发生事故，并在一旦发生事故时减轻其后果，还要保证任何放射性后果尽可能小且低于规定限值。因此，结构方案的选择和确定应符合纵深防御的原则，设置多道防线。

核电厂安全重要结构通常采用钢筋混凝土抗震墙结构、框架-抗震墙结构和板柱-抗震墙结构。结构方案设计遵循下列主要原则。

(1)结构的平、立面布置宜简单规则，刚度和质量分布宜均匀连续，刚度中心宜接近质量中心；

(2)结构传力途径应简洁、明确，竖向承重构件宜上、下对齐；

(3)结构重心宜低；

(4)重要构件应设置冗余约束；

(5)对局部薄弱部位应采取加强措施；

(6)应考虑非核安全相关结构对核安全相关混凝土结构的不利影响。

2.5.2 结构缝的设置

结构设计时通过设置结构缝将结构分割为若干相对独立的结构单元。结构缝包括伸缩缝、沉降缝、防震缝。应根据结构体系的使用功能、厂房形状及受力特点等，结合结构缝的功能要求，合理确定变形缝的设置和构造形式。

在满足核电工程厂房使用功能要求前提下，根据实际情况，宜减少设缝或合并设缝，加强整体刚度，保证结构的整体性。结构缝装置及构造应满足结构的使用要求，可参照现行行业标准《建筑变形缝装置》JG/T 372—2012 及《变形缝建筑构造》14J936 执行。确定结构缝宽度时宜考虑两侧构件施工误差。伸缩缝的间距和缝宽应根据使用环境、材料特性和结构刚度计算确定，且满足《混凝土结构设计规范》GB 50010—2010 的要求。下列情况宜设置防震缝：

(1)建筑平面复杂，有较大的突出部分；

(2)建筑立面高差较大；

(3)建筑有错层且楼板高差较大相邻部分的结构刚度、质量相差较大。

《核电厂抗震设计规范》GB 50267—1997 规定防震缝宽度应按变形计算确定，并应大于或等于两相邻建筑物地震变形的 2 倍。美国土木工程师协会标准 ASCE/SEI43-05《核设施结构、系统、部件抗震设计准则》要求相邻建筑物防震缝最小间距

$$\Delta = 2.0\ (\Delta_1^2 + \Delta_2^2)^{1/2} \tag{2-8}$$

其中 Δ_1 和 Δ_2 按弹性方法计算的相邻建筑物相对各自基础的最大位移。

在设计基准地震动作用下，抗震缝宽度 $(\Delta_1^2 + \Delta_2^2)^{1/2}$ 能保证相邻结构发生碰撞概率低于 1%；公式中系数 2.0 能保证在 1.5 倍设计基准地震动作用下，相邻结构发生碰撞概率低于 10%，通常比采用非线性分析方法所得的结果要更保守。

伸缩缝应满足防震缝的要求。

参考文献

[1] 国家核安全局. 核动力厂设计安全规定：HAF 102. 北京：2016.

[2] 中华人民共和国建设部. 工程结构可靠度设计统一标准：GB 50153. 北京：中国建筑工业出版社，2018.

[3] 中华人民共和国建设部. GB 50068 建筑结构可靠度设计统一标准. 北京：中国建筑工业出版社，2018.

[4] 国家地震局. 核电厂抗震设计规范：GB 50267. 北京：中国计划出版社，1997.

[5] 全国核能标准化委员会. GB/T 17569 压水堆核电厂物项分级. 北京：中国标准出版社，2013.

[6] 中华人民共和国建设部. 核电厂混凝土结构技术标准：GB/T 51390. 北京：中国建筑工业出版社，2019.

第三章

结构安全度

3.1 安全度与可靠度的基本概念

3.1.1 结构安全度的基本概念

我国核安全相关混凝土结构设计规范包括《核电厂混凝土结构技术标准》(GB/T 51390—2019)及抗震方面规范，这些规范中工况、荷载组合和设计表达式基本是参考我国行标和欧美规范的内容，而承载力的部分计算方法则参照的是《混凝土结构设计规范》(GB 50010—2010)。《核电厂混凝土结构技术标准》规定混凝土结构构件的承载力应满足下式要求：

$$S \leqslant R(f_c, f_y, \alpha_k, \cdots) \tag{3-1}$$

式中：

S ——承载能力极限状态的荷载效应组合设计值；

R ——结构抗力设计值；

f_c ——混凝土强度设计值；

f_y ——钢筋强度设计值；

α_k ——几何参数标准值。

美国核电厂混凝土结构设计的规范主要是以《建筑对结构混凝土的要求》(ACI 318)为基础编写的《美国核安全相关混凝土结构规范》(ACI 349-06)。ACI 349-06 规定混凝土结构构件的承载力应满足下式要求：

$$U \leqslant \phi R_n \tag{3-2}$$

式中：

U——乘系数的荷载效应组合值；

R_n——结构抗力名义值；

ϕ——强度折减系数。

美国规范 ACI 349-06 分别在正文和附录 C 中给出了不同的设计表达式、荷载系数和强度折减系数，强度折减系数 ϕ 取值如表 3-1 所示，荷载系数见表 3-3。

表 3-1　美国规范 ACI 349-06 的强度折减系数

截面类型	正文	附录 C
受拉控制截面	0.9	0.9
受压控制截面	螺旋箍筋 0.7；普通箍筋 0.65	螺旋箍筋 0.75；普通箍筋 0.70

续表

截面类型	正文	附录 C
过渡截面	$\phi=0.48+83\varepsilon_t(0.002\leqslant\varepsilon_t\leqslant0.005)$	$\phi=0.57+67\varepsilon_t(0.002\leqslant\varepsilon_t\leqslant0.005)$
剪切和扭转	0.75	0.85
局部承压	0.65	0.70
受冲切	0.75	0.85
拉压杆模型	0.75	0.85

注：ε_t 为受拉钢筋应变。

中国规范与美国规范 ACI 349-06 附录 C 的荷载组合表达式和荷载系数接近，因此本文只针对中国规范与美国规范 ACI 349-06 的设计表达式进行对比。

定义中美规范的综合安全系数分别表示为

$$K_1=\frac{R(f_c, f_y, a_k)}{S} \tag{3-3}$$

$$K_2=\frac{\phi R_n}{U} \tag{3-4}$$

式中：

K_1——中国核电厂技术标准综合安全系数；

K_2——美国规范 ACI 349-06 综合安全系数。

则中美规范的安全系数之比 K 为：

$$K=\frac{K_1}{K_2}=\frac{R(f_c, f_y, a_k)}{\phi R_n}\times\frac{U}{S} \tag{3-5}$$

根据(式 3-5)的分析结果判断中美核安全相关混凝土安全度水平高低：

当 $K<1$ 时，$K_1<K_2$，中国规范的安全储备高，安全度高于美国规范；

当 $K>1$ 时，$K_1>K_2$，美国规范的安全储备高，安全度高于中国规范；

当 $K=1$ 时，$K_1=K_2$，中美国规范的安全储备相同，安全度相同。

3.1.2 结构可靠度的基本概念

按照《工程结构可靠性设计统一标准》(GB 50153—2008)的定义，结构可靠性为结构在规定的时间内，在规定的条件下，完成预定功能的能力。结构可靠度为对结构可靠性的概率度量。

进行结构可靠度分析，首先要建立结构功能函数。用 X_1，X_2，…，X_n 表示影响结构某一功能的基本随机变量，则与此功能对应的结构功能函数可表示为

$$Z=g(X_1, X_2, \cdots, X_n) \tag{3-6}$$

根据结构功能函数的值，结构可能会出现 3 种情况：当 $Z>0$ 时，结构处于可靠状

态；当 $Z=0$ 时，结构达到极限状态；当 $Z<0$ 时，结构处于失效状态。

用 R 表示结构或结构构件的抗力，S 表示结构的荷载效应，则由抗力和荷载效应表达的结构功能函数为

$$Z=R-S \tag{3-7}$$

假定 R 和 S 均服从正态分布，则针对式(3-7)的结构可靠指标

$$\beta=\frac{\mu_R-\mu_S}{\sqrt{\sigma_R^2+\sigma_S^2}} \tag{3-8}$$

式中：

μ_R，μ_S——R 和 S 的平均值；

σ_R，σ_S——R 和 S 的标准差。

如果结构包括多个随机变量且不一定服从正态分布，则可采用一次二阶矩法计算结构的可靠指标。

结构失效概率 p_f 与结构可靠指标 β 有如下关系：

$$p_f=\Phi(-\beta) \tag{3-9}$$

式中：

$\Phi(\cdot)$——标准正态分布函数的值。

p_f 与 β 的对应关系如表 3-2 所示。求得了可靠指标，就得到了结构失效概率。

表 3-2 可靠指标与失效概率的对应关系

β	0	1.0	2.0	3.0	4.0	5.0	6.0
p_f	0.5	1.59×10^{-1}	2.28×10^{-2}	1.35×10^{-3}	3.17×10^{-5}	2.87×10^{-7}	9.87×10^{-10}

3.2 结构安全度分析

针对核安全相关混凝土结构的设计方法，采用综合安全系数和可靠度方法对中国和美国规范的安全度水平进行了对比分析，定量地给出中国规范与美国规范的设计安全度水平，并提出了中国规范正常运行工况的目标可靠指标。

3.2.1 荷载效应安全度对比

3.2.1.1 荷载类型

(1)中国规范

中国规范《核电厂混凝土结构技术标准》(GB/T 51390—2019)规定核安全相关混凝土结构设计时需要考虑下列荷载。

1)正常荷载：永久荷载(D)；活荷载(L)；正常运行或停堆期间的温度作用(T_0)；在正常运行或停堆期间管道或设备反力(R_0)。

2)异常荷载：由设计基准事故引起的压力荷载(P_a)；设计基准事故引起的温度作用(T_a)；设计基准事故引起的管道反力(R_a)；设计基准事故引起的局部荷载(R_r)。

3)严重环境荷载：厂址基本风压荷载(W)；运行安全地震产生的地震作用(E_1)。

4)极端环境荷载：设计基准龙卷风荷载(W_t)；极限安全地震产生的地震作用(E_2)。

5)内部飞射物或外部人为事件引起的荷载：内部飞射物产生的撞击荷载(A_1)；外部爆炸引起的冲击波荷载(A_2)；外部飞射物引起的撞击荷载(A_3)。

(2)美国规范

美国规范《美国核安全相关混凝土结构规范》(ACI 349-06)规定核安全相关混凝土结构设计时需要考虑下列荷载。

1)正常荷载：恒荷载(D)；活荷载(L)；屋面活荷载(L_r)；液体的自重和压力产生的荷载(F)；由土、土中水或其他物质重量和压力产生的荷载(H)；雪荷载(S)；雨水荷载(R)；正常运行或停堆条件下由混凝土结构内部温度分布及其他温度引起的荷载(T_0)；正常运行和停堆条件下不包括恒载和地震作用时管道和设备的反力(R_0)；吊车荷载，包括吊车最大轮压和吊车运行时产生的竖向、横向、纵向作用(C_{cr})。

2)严重环境荷载：运行基准地震产生的荷载效应(E_0)；运行基准风荷载(W)。

3)极端环境荷载：设计基准龙卷风荷载(W_t)；安全停堆地震荷载效应(E_{ss})。

4)事故工况荷载：假想的管道破裂事故引起的不同压力荷载(P_a)；管道破裂引起

的事故工况下的管道和设备反力(R_a)；管道破裂事故状态下，混凝土结构内部温度分布引起的内力矩和内力(T_a)；由管道破裂事故产生的喷射撞击荷载(Y_j)；由假想的管道破裂而产生的飞射撞击荷载，如管道甩击(Y_m)；由假想的管道破裂引起的破管反力产生的荷载(Y_r)。

3.2.1.2　荷载组合

如前所述，中国规范规定了 7 种工况 14 种荷载效应组合，美国规范正文第 9.2 节规定了 9 种不同的荷载效应组合，表 3-3 所示中美规范不同工况下荷载效应组合的对应关系。

3.2.1.3　荷载效应安全度对比

由于中国规范与美国规范附录 C 的荷载组合表达式和荷载系数相近，当按美国规范附录 C 进行对比时，认为 $U/S=1$。

表 3-3　中美规范荷载工况及荷载效应组合的对应关系

工况	中国规范荷载效应组合 S	美国规范正文的荷载组合 U	美国规范附录 C 的荷载组合 U
正常运行	$1.4D+1.7L+1.7R_0$ $1.05D+1.3L+1.05T_0+1.3R_0$	$1.4(D+F+R_0)+T_0$ $1.2(D+F+T_0+R_0)+1.6(L+H)$ $+1.4C_{cr}+0.5(L_r$ 或 S 或 $R)$ $1.2(D+F+R_0)+0.8(L+H)$ $+1.4C_{cr}+1.6(L_r$ 或 S 或 $R)$	$1.4D+1.4F+1.7L+1.7H$ $+1.7R_0+1.4C_{cr}$ $1.05D+1.05F+1.3L+1.3H$ $+1.05T_0+1.3R_0$
正常运行加严重环境	$1.4D+1.7L+1.7E_1+1.7R_0$ $1.4D+1.7L+1.7W+1.7R_0$ $1.05D+1.3L+1.3E_1+1.05T_0+1.3R_0$ $1.05D+1.3L+1.3W+1.05T_0+1.3R_0$	$1.2(D+F+R_0)+1.6(L+H+E_0)$ $1.2(D+F+R_0)+1.6(L+H+W)$	$1.4D+1.4F+1.7L+1.7H+1.7E_0+1.7R_0$ $1.4D+1.4F+1.7L+1.7H+1.7W+1.7R_0$ $1.05D+1.05F+1.3L+1.3H$ $+1.3E_0+1.05T_0+1.3R_0$ $1.05D+1.05F+1.3L+1.3H$ $+1.3W+1.05T_0+1.3R_0$
正常运行加极端环境	$D+L+T_0+R_0+E_2$ $D+L+T_0+R_0+W_t$	$D+F+0.8L+C_{cr}+H+T_0+R_0+E_{ss}$ $D+F+0.8L+C_{cr}+H+T_0+R_0+W_t$	$D+F+L+H+T_0+R_0+E_{ss}+C_{cr}$ $D+F+L+H+T_0+R_0+W_t$
异常运行(事故)	$D+L+T_a+R_a+1.25P_a$	$D+F+0.8L+C_{cr}+H+(T_a+R_a+1.2P_a)$	$D+F+L+H+T_a+R_a+1.25P_a+C_{cr}$
异常运行加严重环境	$D+L+T_a+R_a+1.15P_a+R_r+1.15E_1$	—	$D+F+L+H+T_a+R_a+1.15P_a$ $+1.0(Y_r+Y_j+Y_m)+1.15E_0$
异常运行加极端环境	$D+L+T_a+R_a+P_a+R_r+E_2$	$D+F+0.8L+H+(T_a+R_a+P_a)$ $+(Y_r+Y_j+Y_m)+E_{ss}$	$D+F+L+H+T_a+R_a+P_a$ $+1.0(Y_r+Y_j+Y_m)+E_{ss}$
正常运行加内部飞射物或外部人为事故	$D+L+T_0+R_0+A_1$ $D+L+T_0+R_0+A_2$ $D+L+T_0+R_0+A_3$	—	

3.2.2　材料性能

3.2.2.1　混凝土抗压强度

(1)中国规范

中国《混凝土结构设计规范》(GB 50010—2010)采用150 mm×150 mm×150 mm的标准立方体试件确定混凝土的强度等级，采用150 mm×150 mm×300 mm的棱柱体试件确定混凝土轴心抗压强度标准值。

(2)美国规范

美国规范《建筑对结构混凝土的要求》(ACI 318-05)采用标准圆柱体试件(ϕ150 mm×300 mm)确定混凝土的抗压强度，称为规定的抗压强度f'_c，概念上与中国规范强度标准值相似。

(3)中美规范材料强度换算

由于中美规范在确定混凝土抗压强度时采取的试件不同，设定的强度保证率也不同，因此需要进行材料强度换算。

表3-4列出了不同混凝土强度等级时中国规范混凝土抗压强度设计值与美国规范混凝土抗压强度规定值的对应关系。

表3-4　美国规范与中国规范混凝土抗压强度的对应关系　　MPa

强度等级	C25	C30	C35	C40	C45	C50	C55	C60
f_c	11.9	14.3	16.7	19.1	21.1	23.1	25.3	27.5
f'_c	21.02	25.26	29.49	33.73	37.88	42.17	46.36	50.61

3.2.2.2　混凝土抗拉强度

(1)中国规范

中国规范用轴心抗拉强度反映混凝土的抗拉强度。

(2)美国规范

美国规范没有直接规定混凝土的抗拉强度，混凝土结构设计中通常采用与$\sqrt{f'_c}$成正比的指标计算混凝土构件的抗拉强度，因此对比中需将中国规范的混凝土抗拉强度换算为与$\sqrt{f'_c}$对应的指标。

(3)材料强度换算

中国规范不同强度等级混凝土抗拉强度设计值f_t与美国规范$\sqrt{f'_c}$的对应关系如表3-5所示。

表 3-5　中国规范混凝土抗拉强度设计值与美国规范 $\sqrt{f'_c}$ 的对应关系

强度等级	C25	C30	C35	C40	C45	C50	C55	C60
f_t/MPa	1.27	1.43	1.57	1.71	1.80	1.89	1.96	2.04
f'_c/MPa	21.02	25.26	29.49	33.73	37.88	42.17	46.36	50.61
$\sqrt{f'_c}$/ $\sqrt{\text{MPa}}$	4.518	5.033	5.480	5.923	6.206	6.487	6.706	6.954

3.2.2.3　普通钢筋

(1)中国规范

对于具有明显流幅的钢筋，中国规范将屈服点对应的强度定义为钢筋的屈服强度，用 f_y 表示；对于没有明显流幅的钢筋，取应力-应变曲线上残余应变为 0.2%的点对应的应力为屈服应力，称为条件屈服强度。

(2)美国规范

美国规范 ACI 318-05 规定，除预应力筋外，钢筋屈服强度 f_y 不应超过 80 000 psi(550 MPa)，抗剪和抗扭钢筋在设计中取用的最大 f_y 为 60 000 psi(420 MPa)；对于壳体、折板和由抗震控制的结构，规定 f_y 为 60 000 psi(420 MPa)。若屈服强度超过 60 000 psi(420 MPa)，f_y 取 0.35%应变时的应力值。美国的常用钢筋等级及强度规定值如表 3-6 所示。

表 3-6　美国规范常用钢筋等级和屈服强度规定值　MPa

钢筋等级	40 级	60 级	75 级
强度规定值 f_{yk}	280	420	520

(3)中美钢筋强度换算

进行中美规范钢筋强度换算，应先明确美国规范钢筋强度规定值的保证率。

综合考虑美国 40 级钢筋和 60 级钢筋强度的保证率分析结果，可认为美国规范钢筋强度的保证率为 95%，这样美国规范钢筋强度规定值与中国规范钢筋强度标准值的保证率相同。后续对比中，可将中国规范钢筋强度标准值作为美国规范钢筋强度规定值。

3.2.3　结构构件抗力对比

3.2.3.1　轴心受拉承载力设计值对比

(1)中国规范

轴心受拉构件承载力按下式计算：

$$R_{d,c}=f_yA_s \tag{3-10}$$

式中：

A_s——纵向受拉普通钢筋全部截面面积。

(2)美国规范

轴心受拉构件承载力按下式计算

$$R_{d,A}=\phi f_{yk}A_s \tag{3-11}$$

(3)抗力设计值对比

配置相同钢筋且截面面积相同的钢筋混凝土轴心受拉构件，中国规范抗力设计值与美国规范抗力设计值之比为

$$\frac{R_{d,C}}{R_{d,A}}=\frac{f_y}{\phi f_{yk}}=\frac{1}{0.9\times1.1}=1.01 \tag{3-12}$$

3.2.3.2 轴心受压承载力设计值对比

(1)中国规范

轴心受压构件承载力按下式计算

$$R_{d,C}=0.8\varphi(f_cA+f'_yA'_s) \tag{3-13}$$

式中：

f'_y——纵向受压普通钢筋抗压强度设计值；

A'_s——纵向受压普通钢筋全部截面面积；

A——构件截面面积；

φ——钢筋混凝土构件的稳定系数。

(2)美国规范

轴心受压构件承载力按下式计算

$$R_{d,A}=0.80\phi[0.85f'_c(A_g-A_{st})+f'_{yk}A_{st}] \tag{3-14}$$

式中：

f'_c——混凝土抗压强度规定值；

A_g——混凝土毛截面面积；

A_{st}——纵向钢筋全部截面面积。

(3)抗力设计值对比

中国规范与美国规范钢筋混凝土轴心受压构件抗力设计值之比为

$$\frac{R_{d,C}}{R_{d,A}}=\frac{\phi\left(1+\dfrac{f'_yA'_s}{f_c(A-A'_s)_s}\right)}{\varphi\left[0.85\dfrac{f'_c}{f'_c}+\dfrac{f'_{yk}}{f'_y}\dfrac{f'_yA'_s}{f'_c(A-A'_s)}\right]} \tag{3-15}$$

强度折减系数按美国规范附录的规定，考虑钢筋承载力占构件总承载力 10%、20%和 30%三种情况，$\dfrac{f'_yA'_s}{f_c(A-A_s)}$分别为$\dfrac{1}{9}$、$\dfrac{1}{4}$和$\dfrac{3}{7}$，平均值，柱长细比考虑 $l_0/b\leq8$、$l_0/b=10$、$l_0/b=12$、$l_0/b=14$、$l_0/b=16$ 五种情况。构件抗力设计值比较如表 3-7 所示。

表 3-7　轴心受压构件抗力设计值比较(按附录 C 规定计算)

$\frac{l_0}{b}$	钢筋	混凝土强度等级	C25	C30	C35	C40	C45	C50	C55	C60	平均
8	HRB500 以下	平均	1.004	1.004	1.004	1.004	0.990	0.976	0.973	0.970	0.991
	HRB500	平均	0.989	0.989	0.989	0.989	0.975	0.962	0.959	0.955	0.976
10	HRB500 以下	平均	0.996	0.996	0.996	0.996	0.982	0.968	0.965	0.962	0.983
	HRB500	平均	0.981	0.981	0.981	0.981	0.967	0.954	0.951	0.948	0.968
12	HRB500 以下	平均	0.973	0.973	0.973	0.973	0.959	0.946	0.943	0.939	0.960
	HRB500	平均	0.958	0.958	0.958	0.958	0.945	0.932	0.929	0.926	0.945
14	HRB500 以下	平均	0.937	0.937	0.937	0.937	0.924	0.911	0.908	0.905	0.924
	HRB500	平均	0.922	0.922	0.923	0.922	0.910	0.897	0.895	0.891	0.910
16	HRB500 以下	平均	0.889	0.889	0.890	0.890	0.877	0.865	0.862	0.859	0.878
	HRB500	平均	0.876	0.876	0.876	0.876	0.864	0.852	0.849	0.846	0.864
总平均											0.940

强度折减系数按美国规范正文规定，其余情况同前，构件抗力设计值之比如表 3-8 所示。

表 3-8　轴心受压构件抗力设计值比较(按正文规定计算)

$\frac{l_0}{b}$	钢筋	混凝土强度等级	C25	C30	C35	C40	C45	C50	C55	C60	平均
8	HRB500 以下	平均	1.081	1.081	1.081	1.081	1.066	1.051	1.048	1.044	1.067
	HRB500	平均	1.065	1.065	1.065	1.065	1.050	1.036	1.032	1.029	1.051
10	HRB500 以下	平均	1.072	1.072	1.073	1.073	1.058	1.043	1.040	1.036	1.058
	HRB500	平均	1.056	1.056	1.056	1.056	1.042	1.027	1.024	1.021	1.042
12	HRB500 以下	平均	1.048	1.047	1.048	1.048	1.033	1.019	1.015	1.012	1.034
	HRB500	平均	1.032	1.032	1.032	1.032	1.018	1.004	1.000	0.997	1.018
14	HRB500 以下	平均	1.009	1.009	1.009	1.009	0.995	0.981	0.978	0.974	0.995
	HRB500	平均	0.993	0.993	0.993	0.993	0.980	0.966	0.963	0.960	0.980
16	HRB500 以下	平均	0.958	0.958	0.958	0.958	0.945	0.931	0.929	0.925	0.945
	HRB500	平均	0.943	0.943	0.943	0.943	0.931	0.918	0.915	0.911	0.931
总平均											1.012

3.2.3.3 受弯承载力设计值对比

(1)中国规范

受弯构件承载力按下式计算

$$R_{d,C}=\alpha_1 f_c bx\left(h_0-\frac{x}{2}\right) \tag{3-16}$$

式中:

α_1——系数;

b——构件截面宽度;

h_0——构件截面有效高度;

x——截面混凝土受压区高度。

(2)美国规范

受弯构件承载力按下式计算

$$R_{d,A}=\phi f_{yk}A_s\left(d-\frac{a}{2}\right) \tag{3-17}$$

式中:

d——截面有效高度;

d——混凝土受压区高度。

(3)抗力设计值对比

中国规范与美国规范受弯抗力设计值之比

$$\frac{R_{d,C}}{R_{d,A}}=\frac{f_y}{\phi_{fyk}}\frac{1-\dfrac{\xi}{2}}{1-\dfrac{1.1\alpha_1 f_c}{0.85f'_c}\cdot\dfrac{\xi}{2}} \tag{3-18}$$

考虑混凝土受压区高度 x 与截面有效高度 h_0 之比 ξ 为 0.20、0.25 和 0.30 三种情况，则中美受弯构件抗力设计值之比如表 3-9 所示。

表 3-9 受弯构件抗力设计值比较

混凝土强度等级	C25	C30	C35	C40	C45	C50	C55	C60	平均
平均	1.029	1.028	1.028	1.027	1.029	1.030	1.031	1.030	1.029

3.2.3.4 平面外受剪承载力设计值对比

(1)中国规范

中国规范 *GB/T* 51390—2019 钢筋混凝土构件斜截面受剪抗力设计值为

$$R_{d,c}=0.5f_t bh_0+0.9f_{yv}\frac{A_{sv}}{s}h_0 \tag{3-19}$$

式中:

f_t——混凝土抗拉强度设计值；

f_{yv}——箍筋抗拉强度设计值；

A_{sv}——配置在同一截面内箍筋各肢的全截面面积；

s——沿构件长度方向的箍筋间距。

(2)美国规范

构件斜截面受剪承载力按下式计算：

$$R_{d,A}=\phi\left(0.166\sqrt{f'_c}\,b_w d+\frac{A_v f_{yt}(\sin\alpha+\cos\alpha)d}{s}\right) \tag{3-20}$$

式中：

A_v——间距 s 内箍筋截面面积；

f_{yt}——箍筋屈服强度；

d——受压边缘纤维到受拉钢筋重心的距离；

b_w——腹板宽度；

α——箍筋与构件纵轴间夹角。

(3)抗力设计值对比

取箍筋与构件纵轴间夹角 $\alpha=90°$，得中美规范斜截面受剪承载力设计值之比

$$\frac{R_{d,c}}{R_{d,A}}=\frac{1+\dfrac{0.9f_{yv}A_{sv}h_0}{0.5f_t bh_0 s}}{\varphi\left(\dfrac{0.166\sqrt{f'_c}}{0.5f_t}+\dfrac{f_{yt}}{f_{yv}}\dfrac{f_{yv}A_{sv}h_0}{0.5f_t bh_0 s}\right)} \tag{3-21}$$

考虑混凝土受剪承载力占全部受剪承载力的比例为 20%、30%和 40%三种情况，$\dfrac{0.9f_{yv}A_{sv}h_0}{0.5f_t bh_0 s}$分别为 4、$\dfrac{7}{3}$和 1.5，表 3-10 所示为强度折减系数按美国规范附录 C 的规定，中国规范与美国规范钢筋混凝土构件平面外受剪承载力设计值之比。

表 3-10　平面外受剪承载力设计值对比(按美国规范附录 C)

混凝土强度等级	C25	C30	C35	C40	C45	C50	C55	C60	平均
平均	0.966	0.969	0.972	0.974	0.975	0.976	0.977	0.978	0.973

强度折减系数按美国规范正文规定，受剪承载力设计值之比如表 3-11 所示。

表 3-11　平面外受剪承载力设计值对比(按美国规范正文)

混凝土强度等级	C25	C30	C35	C40	C45	C50	C55	C60	平均
平均	1.095	1.098	1.101	1.103	1.105	1.106	1.107	1.108	1.103

3.2.3.5 受扭承载力设计值对比

(1)中国规范

构件受扭承载力按下式计算：

$$R_{d,C}=0.35f_t W_t+1.2\sqrt{\xi}f_{yv}\frac{A_{st1}A_{cor}}{S} \tag{3-22}$$

式中：

W_t——截面受扭塑性抵抗矩；

ζ——纵筋和箍筋配筋强度比；

A_{stl}——全部纵筋的截面面积；

A_{st1}——箍筋单肢截面面积；

u_{cor}——截面核心部分周长；

A_{cor}——截面核心部分面积。

(2)美国规范

构件受扭承载力按下式计算：

$$R_{d,A}=\phi\frac{2A_o A_t f_{yv}}{s}\cot\theta \tag{3-23}$$

式中：

A_o——剪应力流包围的毛截面面积；

s——平行于纵筋方向的抗剪或抗扭钢筋间距；

f_{yv}——封闭箍筋屈服强度；

θ——桁架模型中压杆的角度。

(3)抗力设计值对比

中国规范与美国规范钢筋混凝土构件受扭承载力设计值之比为

$$\frac{R_{d,A}}{R_{d,C}}=\frac{\dfrac{0.35f_t W_t}{1.2\sqrt{\zeta}f_{yv}\dfrac{A_{st1}A_{cor}}{s}}+1}{\phi\dfrac{f_{yk}}{f_y}\dfrac{2A_0}{1.2A_{cor}}} \tag{3-24}$$

强度折减系数按美国规范附录 C，考虑混凝土提供的承载力占总承载力的比例为 20%、30%和 40%三种情况，$\dfrac{0.35f_t W_t}{1.2\sqrt{\zeta}f_{yv}\dfrac{A_{st1}A_{cor}}{s}}$分别为$\dfrac{1}{4}$、$\dfrac{3}{7}$和$\dfrac{2}{3}$，表 3-12 所示为计算得到的中国规范与美国规范钢筋混凝土构件受扭承载力设计值之比。

表 3-12　构件受扭承载力设计值比较(按美国规范附录 C)

A_o/A_{cor}	0.891	0.886	0.873	0.869	0.866	平均
平均	1.043	1.049	1.065	1.070	1.073	1.060

说明：计算 A_o/A_{cor}的值时，采用尺寸为 300 mm×600 mm、400 mm×800 mm、500 mm×1000 mm、600 mm×1200 mm 和 700 mm×1400 mm 的矩形截面，假设箍筋内表面到混凝土边缘的距离为 30 mm，箍筋直径采用 10 mm。

强度折减系数按美国规范正文，受扭承载力设计值之比如表 3-13 所示。

表 3-13　构件受扭承载力设计值比较(按美国规范正文)

A_o/A_{cor}	0.891	0.886	0.873	0.869	0.866	平均
平均	1.215	1.222	1.240	1.246	1.250	1.235

说明：计算 A_o/A_{cor}的值时，采用尺寸为 300 mm×600 mm、400 mm×800 mm、500 mm×1000 mm、600 mm×1200 mm 和 700 mm×1400 mm 的矩形截面，假设箍筋内表面到混凝土边缘的距离为 30 mm，箍筋直径采用 10 mm。

3.2.3.6　偏心受压承载力设计值对比

(1)中国规范

矩形偏心受压构件承载力按下列公式计算：

$$N_u = \alpha_1 f_c bx + f'_y A_s - \sigma_s A_s \tag{3-25}$$

$$N_u e = \alpha_1 f_c bx\left(h_0 - \frac{x}{2}\right) + f'_y A'_s(h_0 - a'_s) \tag{3-26}$$

式中：

N_u——构件受压承载力；

e——轴向压力作用点至纵向普通受拉钢筋合力点的距离；

σ_s——受拉边或受压较小边的纵向普通钢筋的应力。

为便于比较，将中国规范式(3-26)改为对中心轴取矩(同美国规范)

$$N_u e = \alpha_1 f_c bx\left(\frac{h}{2} - \frac{x}{2}\right) + f'_y A'_s(h_2 - \alpha'_s) + \sigma_s A_s\left(h_0 - \frac{h}{2}\right) \tag{3-27}$$

联立式(3-25)和式(3-27)得 ξ 的一元二次方程和一元三次方程。

(2)美国规范

矩形偏心受压构件承载力按下列公式计算

$$P_u = \phi(0.85 f'_c ab + A'_s f'_y - A_s f_s) \tag{3-28}$$

$$P_u e = \phi\left[0.85 f'_c ab\left(\frac{h}{2} - \frac{a}{2}\right) + A'_s f'_y\left(\frac{h}{2} - d'\right) + A_s f_s\left(d - \frac{h}{2}\right)\right] \tag{3-29}$$

式中：

P_u——构件受压承载力；

a——等效矩形应力图的高度；

b——构件截面宽度；

h——构件截面高度；

d——受压边缘纤维至受拉钢筋重心的距离；

d'——受压边缘纤维至受压钢筋重心的距离；

A'_s——受压钢筋面积；

f_s——受拉钢筋应力；

β_1——系数，与受弯承载力计算取值相同；

f'_y——钢筋抗压强度规定值。

联立式(3-28)和式(3-29)得到 ξ_A 的一元二次方程和一元三次方程。

(3)抗力设计值对比

中国规范与美国规范钢筋混凝土构件偏心受压承载力设计值之比为

$$\frac{R_{d,C}}{R_{d,A}}=\frac{\alpha_1 f_c \xi_C+\frac{\rho}{2}f'_y-\frac{\rho}{2}\sigma_s}{\phi\left(0.85f'_c\xi_A+\frac{\rho}{2}f'_y-\frac{\rho}{2}f_s\right)}=\frac{\alpha_1 f_c \xi_C\left(\frac{h}{2h_0}-\frac{\xi_C}{2}\right)+f'_y\frac{\rho}{2}\left(\frac{h}{2h_0}-\frac{a'_s}{h_0}\right)+\sigma_s\frac{\rho}{2}\left(1-\frac{h}{2h_0}\right)}{\phi\left[0.85f'_c\xi_A\left(\frac{h}{2h_0}-\frac{\xi_A}{2}\right)+\frac{\rho}{2}f'_y\left(\frac{h}{2h_0}-\frac{a'_s}{h_0}\right)+\frac{\rho}{2}f_s\left(1-\frac{h}{2h_0}\right)\right]} \tag{3-30}$$

两国规范偏心受压承载力之比分别按偏心距 $e=2.5h_0$、$e=h_0$、$e=0.5h_0$、$e=0.2h_0$ 四种情况计算，混凝土强度等级为 C25~C60，得中国规范和美国规范(按规范附录 C)钢筋混凝土构件偏心受压承载力设计值的比值，如表 3-14 所示。

表 3-14　构件偏心受压承载力设计值比较(按美国规范附录 C 的规定)

混凝土强度等级	C25	C30	C35	C40	C45	C50	C55	C60	平均
平均	0.989	0.996	1.007	1.007	1.006	1.003	1.003	1.006	1.003

中国规范和美国规范(按规范正文)偏心受压承载力的比值如表 3-15 所示。

表 3-15　构件偏心受压承载力设计值比较(按美国规范正文的规定)

混凝土强度等级	C25	C30	C35	C40	C45	C50	C55	C60	平均
平均	1.040	1.047	1.055	1.059	1.058	1.055	1.055	1.058	1.061

3.2.3.7 受冲切承载力设计值对比

(1)中国规范

受冲切构件承载力按下式计算

$$R_{d,C}=0.7\beta_h f_t \eta u_m h_0 \tag{3-31}$$

式中：

β_h——截面高度影响系数；

η——系数；

u_m——临界截面的周长。

(2)美国规范

受冲切构件承载力按下列公式中的小者计算

$$R_{d,A}=\begin{cases}\phi 0.333\sqrt{f'_c}\,b_o d\\ \phi 0.083\left(2+\dfrac{4}{\beta_c}\right)\sqrt{f'_c}\,b_o d\\ \phi 0.083\left(\dfrac{\alpha_s d}{b_o}+2\right)\sqrt{f'_c}\,b_o d\end{cases} \tag{3-32}$$

式中：

d——截面有效高度；

b_o——板和柱基础临界截面周长；

β_c——矩形柱或加载面积的长边与短边长度之比；

α_s——常数。

(3)抗力设计值对比

中国规范和美国规范钢筋混凝土构件受冲切承载力设计值之比为

$$\frac{R_{d,C}}{R_{d,A}}=\begin{cases}\dfrac{0.7\beta_h f_t\eta}{\phi 0.333\sqrt{f'_c}\,b_o d}\\ \dfrac{0.7\beta_h f_t\eta}{\varphi 0.083\left(2+\dfrac{4}{\beta_c}\right)\sqrt{f'_c}\,b_o d}\\ \dfrac{0.7\beta_h f_t\eta}{\phi 0.083\left(\dfrac{\alpha_s d}{b_o}+2\right)\sqrt{f'_c}\,b_o d}\end{cases} \tag{3-33}$$

假定板的截面高度为 $h=300$ mm 且 $h=1.05h_0$，局部荷载或集中反力作用区长边与短边尺寸的比值为 1，混凝土强度等级为 C25～C60，柱为中柱且柱的边长为板截面高度的 2 倍。

强度折减系数按美国规范附录 C 规定，计算得到不同混凝土强度等级时中国规范与美国规范钢筋混凝土构件受冲切承载力之比如表 3-16 所示。

表 3-16　构件受冲切承载力设计值比较（按美国规范附录 C 的规定）

混凝土强度等级	C25	C30	C35	C20	C25	C50	C55	C60	平均
平均	0.695	0.703	0.709	0.714	0.717	0.720	0.723	0.725	0.713

注：①中国规范中截面高度影响系数取 $\beta_h=1.0$；

②取局部荷载或集中反力作用区长边与短边尺寸的比值为 1，即中国规范取 $\beta_s=2.0$，美国规范取 $\beta_c=1.0$。

强度折减系数按美国规范正文的规定，其他参数取值同前，计算得到不同混凝土强度等级时中国规范与美国规范钢筋混凝土构件受冲切承载力之比如表 3-17 所示。

表 3-17　构件受冲切承载力设计值比较（按美国规范正文的规定）

混凝土强度等级	C25	C30	C35	C20	C25	C50	C55	C60	平均
平均	0.788	0.796	0.803	0.809	0.813	0.817	0.819	0.822	0.808

3.2.3.8　局部受压承载力设计值对比

（1）中国规范

局部受压承载力按下式计算：

$$R_{d,C}=\omega\beta_l f_{cc}A_l \tag{3-34}$$

式中：

ω——荷载分布影响系数；

β_l——混凝土局部受压时的强度提高系数；

f_{cc}——素混凝土轴心抗压强度设计值，取 $0.85f_c$；

A_l——混凝土局部受压面积。

（2）美国规范

局部受压承载力按下式计算：

$$R_{d,A}=0.85\phi f'_c\sqrt{\frac{A_2}{A_1}}A_1 \tag{3-35}$$

式中：

ϕ——强度折减系数；

A_1——受荷面积；

A_2——椎体最大底面积。

同时美国规范要求 $\sqrt{\frac{A_2}{A_1}}$ 不大于 2。

（3）抗力设计值对比

中国规范与美国规范钢筋混凝土构件局部受压承载力设计值之比为

$$\frac{R_{d,C}}{R_{d,A}}=\frac{0.85f_c\omega\beta_1A_1}{0.85\phi f'_cA_1\sqrt{\dfrac{A_2}{A_1}}} \tag{3-36}$$

强度折减系数按美国规范附录 C 的规定，不同混凝土强度等级时中国规范与美国规范钢筋混凝土构件局部受压承载力之比如表 3-18 所示。

表 3-18　构件局部受压承载力设计值比较(按美国规范附录 C)

混凝土强度等级	C25	C30	C35	C40	C45	C50	C55	C60	平均
荷载均匀分布	0.638	0.646	0.649	0.651	0.642	0.634	0.631	0.632	0.641
荷载非均匀分布	0.479	0.485	0.487	0.489	0.481	0.476	0.474	0.474	0.481

说明：中国规范中荷载分布影响系数取 1.0。

强度折减系数按美国规范正文的规定，其他参数取值同前，不同混凝土强度等级时中国规范与美国规范钢筋混凝土构件局部受压承载力之比如表 3-19 所示。

表 3-19　构件局部受压承载力设计值比较(按美国规范正文)

混凝土强度等级	C45	C30	C35	C40	C45	C50	C55	C60	平均
荷载均匀分布	0.688	0.696	0.699	0.702	0.690	0.683	0.680	0.681	0.690
荷载非均匀分布	0.516	0.522	0.524	0.526	0.518	0.513	0.510	0.510	0.518

说明：中国规范中荷载分布影响系数取 1.0。

3.2.3.9　剪摩擦抗力设计值对比

(1)中国规范

钢筋混凝土结构构件施工缝处的受剪承载力按下式公式：

$$R^{sf}_{d,C}\leqslant cA_c+0.9N_k\mu+f_yA_s(\mu\sin\alpha+\cos\alpha)\leqslant 0.25f_cA_c \tag{3-37}$$

式中：

A_s——施工缝处受剪所需的、穿过施工缝的附加钢筋面积，不包含拉力及弯矩引起的受拉钢筋的面积；

N_k——垂直于施工缝面的永久净压力标准值；

μ——施工缝处的摩擦系数；

c——施工缝处的黏聚力；

f_c——混凝土轴心抗压强度设计值；

A_c——施工缝处为抵抗剪力传递的混凝土截面面积；

α——斜向钢筋与施工缝平面的夹角。

(2)美国规范

美国规范 ACI 349-06 规定，当剪摩擦钢筋与剪切面斜交时，剪摩擦承载力按下式计算：

$$R_{d,A}^{sf} \leqslant \phi A_{vf} f_y (\mu \sin\alpha + \sin\alpha) \tag{3-38}$$

式中：

A_{vf}——剪摩擦钢筋的面积；

α——裂缝平面与剪摩擦钢筋的夹角。

(3)抗力设计值对比

混凝土强度等级 C30～C60、纵向配筋率 1%，2%，3%，共 21 个组合，按人工处理的 6 mm 粗糙度硬化混凝土上浇筑混凝土，得剪摩擦承载力 $R_{d,C}^{sf}/R_{d,A}^{sf}$ 平均值为 0.912；仅按施工缝要求处理，剪摩擦承载力 $R_{d,C}^{sf}/R_{d,A}^{sf}$ 的平均值为 1.072。

3.2.3.10　深受弯构件抗力设计值对比

中国规范分别给出了深受弯构件正截面受弯承载力和斜截面受剪承载力计算公式，公式是在普通受弯构件的受弯承载力和受剪承载力计算公式的基础上，考虑跨高比和分布钢筋的影响，经调整得到的；美国规范则采用拉压杆模型进行承载力计算，针对建立的模型，分别验算拉杆、压杆和节点的承载力。

(1)中国规范

1)受弯承载力

深受弯构件正截面受弯承载力按下式计算：

$$M_u = f_y A_s z \tag{3-39}$$

式中：

z——纵向钢筋内力臂，当 $l_0<h$ 时，取 $z=0.6l_0$。

2)受剪承载力

对于矩形、T 形和 I 形截面的深受弯构件，在均布荷载作用下，当配有竖向分布钢筋和水平分布钢筋时，斜截面受剪承载力按下式计算：

$$V_u = 0.7\frac{(8-l_0/h)}{3}f_t b h_0 + 1.25\frac{(l_0/h-2)}{3}f_{yv}\frac{A_{sv}}{s_h}h_0 + \frac{(5-l_0/h)}{6}f_{yh}\frac{A_{sh}}{s_v}h_0 \tag{3-40}$$

对集中荷载作用下深受弯构件(包括作用多种荷载，且集中荷载对支座截面所产生的剪力值占总剪力值的 75%以上的情况)，斜截面受剪承载力按下式计算。

$$V_u = \frac{1.75}{\lambda+1}f_t b h_0 + \frac{(l_0/h-2)}{3}f_{yv}\frac{A_{sv}}{s_h}h_0 + \frac{(5-l_0/h)}{6}f_{yh}\frac{A_{sh}}{s_v}h_0 \tag{3-41}$$

式中：

A_{sh}——同一水平截面内水平分布钢筋各肢的全部截面面积；

s_v——水平分布钢筋竖向间距；

λ——计算剪跨比；

a——集中荷载作用点至支座的水平距离；

A_{sv}——同一竖向截面内竖向分布钢筋各肢的全部截面面积；

s_h——竖向分布钢筋水平间距。

(2)美国规范

美国规范采用拉压杆方法进行深受弯构件设计。

1)模型建立原则

建立拉压杆模型的原则如下：拉压杆模型应能在荷载和反力作用下保持稳定；确定桁架几何尺寸时，应考虑压杆、拉杆和节点区的尺寸；允许拉杆穿过压杆，而压杆只允许在节点区被穿过或重叠；相交于同一节点的拉杆和压杆，其轴线之间的夹角不应小于25°；拉杆、压杆和节点区的设计应满足

$$\phi F_n \geqslant F_u \tag{3-42}$$

式中：

F_u——作用于拉杆、压杆或节点区的荷载设计值；

F_n——拉杆、压杆或节点区的名义强度；

ϕ——强度折减系数，按表3-1取值。

2)压杆强度

无纵向钢筋的压杆，名义强度 F_{ns} 取为两端按下式求得的较小值

$$F_{ns}=f_{ce}A_{cs} \tag{3-43}$$

式中：

f_{ce}——混凝土压杆有效抗压强度；

A_{cs}——混凝土压杆面积。

混凝土压杆有效抗压强度 f_{ce} 按下式计算

$$f_{ce}=0.85\beta_s f'_c \tag{3-44}$$

式中：

β_s——系数。

3)拉杆强度

拉杆名义强度 F_{nt} 按下式计算：

$$F_{nt}=A_{ts}f_y+A_{tp}(f_{se}+\Delta f_p) \tag{3-45}$$

式中：

A_{ts}——拉杆中普通钢筋面积；

A_{tp}——拉杆中预应力筋面积；

f_y——普通钢筋屈服强度；

$f_{se}+\Delta f_p$——预应力筋应力。

4)节点强度

节点区名义强度按下式计算

$$F_{nn}=f_{ce}A_{nz} \tag{3-46}$$

式中：

f_{ce}——节点区混凝土有效抗压强度；

A_{nz}——节点区面积。

除在节点区设置有约束钢筋且约束效果得到试验或分析论证的情况外，压杆力和拉杆力在节点区一个截面产生的有效压力不应大于下式的值：

$$f_{ce}=0.85\beta_n f'_c \tag{3-47}$$

为防止深受弯构件在使用荷载下开裂，美国规范 ACI 349-06 要求当 $f'_c \leqslant 6000$ psi (41.4 MPa)时应配置多层与压杆轴线相交的钢筋，且满足下式要求：

$$\sum \frac{A_{si}}{b_s S_i}\sin\alpha_i \geqslant 0.003 \tag{3-48}$$

式中：

α_i——压杆轴线与钢筋的夹角；

s_i——钢筋间距；

A_{si}——与压杆方向成 α_i 角的钢筋层中间距为 S_i 钢筋的总面积。

(3)算例分析

由于中国规范与美国规范深受弯构件设计时采用不同的方法，不能采用简单的承载力计算公式进行承载力对比，下面通过算例说明计算方法并进行对比。

图 3-1 所示一简支钢筋混凝土深梁，尺寸如表 3-20，有效跨度 $l_0=l-2l'$，承压板尺寸为 $l_b\times b$；纵筋为 HRB400、分布筋为 HRB335。梁上施加一集中荷载 P。

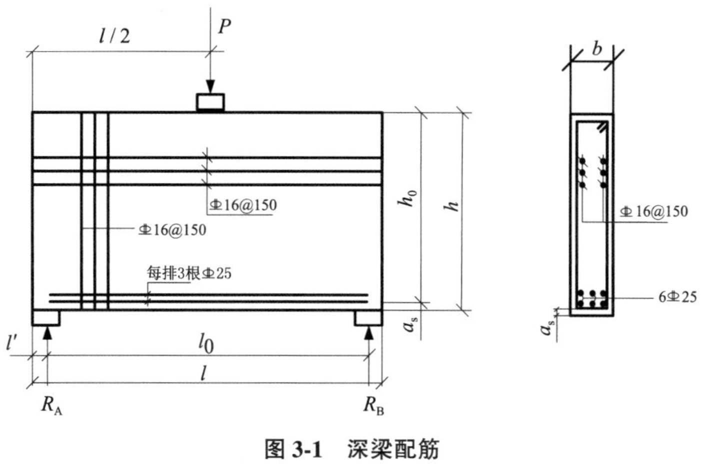

图 3-1 深梁配筋

表 3-20 深梁尺寸 mm

项目	尺寸	项目	尺寸
长度 l	6000	承压板宽度 b	450
宽度 b	450	承压板长度 l_n	600
高度 h	3000	计算跨度 l_0	5700
支座宽度 l_b	300	有效高度 h_0	2800

当深梁纵筋配筋率较低而水平与竖向分布筋配筋率较高时，深梁发生弯曲破坏。混凝土强度等级为 C25~C60，纵向配筋率为 0.25%，0.35%，0.5%，共 8×3=24 个组合，按中国规范和美国规范计算的梁最大承载力比值如表 3-21 所示。

表 3-21　深梁承载力设计值对比(弯曲破坏)(按美国规范正文)

混凝土强度等级	C25	C30	C35	C40	C45	C50	C55	C60	平均
平均	1.068	1.078	1.086	1.092	1.096	1.099	1.102	1.104	1.068

注：梁截面尺寸取表 3-20 和表 3-21 中的值，水平向和纵向分布钢筋配筋率均为 0.595%，此时梁发生弯曲破坏。

当深梁纵筋配筋率较高而水平与竖向分布筋配筋率较低时，深梁发生剪切破坏(美国规范压杆压碎)，按中国规范和美国规范计算的承载力比值如表 3-22 所示。

表 3-22　深梁承载力设计值对比(剪切破坏)(按美国规范正文)

混凝土强度等级	C25	C30	C35	C40	C45	C50	C55	C60	平均
抗力设计值比	1.309	1.241	1.173	1.121	1.051	0.998	0.940	0.901	1.09

注：纵向钢筋配筋率为 1%，此时 $x/h_0=0.306$。由于纵向钢筋配筋率较表 3-20 和表 3-21 中的值有所增大，纵向钢筋布置 3 排，所以将截面有效高度改为 $h_0=2700$ mm，改变承压板宽度 l_n，并使荷载作用点下承压板宽度 l_n 满足 $d_{CA}=d_{AC}$，其余截面尺寸仍取表 3-20 和表 3-21 中的值。

强度折减系数按美国规范附录 C 的规定，其他情况如前所述，深梁发生弯曲破坏，中美规范深梁承载力的比值如表 3-23 所示。

表 3-23　深梁承载力设计值对比(弯曲破坏)(按美国规范附录 C)

混凝土强度等级	C25	C30	C35	C40	C45	C50	C55	C60	平均
平均	0.942	0.952	0.959	0.964	0.966	0.969	0.972	0.974	0.942

说明同表 3-20 和表 3-21。

强度折减系数按美国附录 C 的规定，其他情况如前所述，深梁发生剪切破坏，中美规范深梁承载力的比值如表 3-24 所示。

表 3-24　深梁承载力设计值对比(剪切破坏)(按美国规范附录 C)

混凝土强度等级	C25	C30	C35	C40	C45	C50	C55	C60	平均
抗力设计值比	1.155	1.095	1.035	0.989	0.928	0.880	0.829	0.795	0.963

说明同表 3-22。

3.2.3.11 牛腿抗力设计值对比

对于核安全相关混凝土结构中牛腿的设计，中国规范采用基于三角桁架模型的方法，美国规范则采用简化方法和拉压杆模型两种方法。

(1)中国规范

中国规范将牛腿视为一个短悬臂构件。牛腿截面尺寸以牛腿出现第一条裂缝时的剪力值作为控制条件，即当 $a \leqslant h_0$ 满足下列公式时牛腿截面尺寸符合要求。

$$F_{vs} \leqslant \beta\left(1-0.5\frac{F_{hk}}{F_{vk}}\right)\frac{f_{tk}bh_0}{0.5+\dfrac{a}{h_0}} \tag{3-49}$$

$$h_0 = h_1 - a_s + c\tan\alpha \tag{3-50}$$

式中：

h_1——牛腿外缘高度；

c——下柱外缘到牛腿外边缘的水平长度；

α——牛腿下缘与柱的夹角。

牛腿承载力：

$$f_y A_s \eta h_0 = F_v a + F_h(\eta h_0 + a_s) \tag{3-51}$$

式中：

η——内力臂系数；

a——竖向力作用点至柱边缘的距离；

a_s——牛腿顶部纵向受拉钢筋重心到顶部表面的距离。

中国规范规定，符合式(3-49)要求的牛腿，若纵向受拉钢筋的配筋率(按牛腿有效截面计算)不小于0.2%和 $0.45\dfrac{f_t}{f_y}$ 中的较大值时不需再验算受剪承载力。

(2)美国规范

美国规范规定满足下列条件的牛腿可采用简化方法进行计算：

1)剪跨比 a_v/d 不大于1.0；

2)承受的水平拉力 N_{uc} 不大于 V_n。

美国规范简化方法按牛腿抵抗弯矩和轴力及抵抗剪力和轴力两种组合考虑。当按牛腿抵抗弯矩和轴力设计时，分别计算抵抗弯矩 $M_u = V_u a_v + N_{uc}(h-d)$ 所需的钢筋面积 A_f 和抵抗轴向荷载 N_{uc} 所需的钢筋面积 A_n，其中 A_f 按下式计算

$$A_f = \frac{V_u a_v + N_{uc}(h-d)}{\phi f_y(d-0.5a)} \tag{3-52}$$

$$a = \frac{A_f f_y}{0.85 f'_c b} \tag{3-53}$$

式中：

d——支撑面有效高度；

A_f——用于抵抗截面弯矩的纵向钢筋截面面积。

抵抗水平拉力 N_{uc} 需要的钢筋面积 A_n

$$A_n = \frac{N_{uc}}{\phi f_y} \tag{3-54}$$

因此，牛腿上部抵抗弯矩和拉力所需的全部钢筋面积为

$$A_s = A_f + A_n \tag{3-55}$$

抵抗剪力 V_u 需要的钢筋面积 A_{vf} 为

$$A_{vf} = \frac{V_n}{\varphi f_y \mu} \tag{3-56}$$

式中：

V_n——剪切面的名义剪力；

A_{vf}——剪切摩擦钢筋面积；

μ——摩擦系数。

牛腿抵抗剪力和拉力所需的全部钢筋面积为

$$A_s = \frac{2}{3}A_{vf} + A_n \tag{3-57}$$

如果采用简化方法计算，牛腿上部所需钢筋总面积按下式确定：

$$A_s = \max\left(\frac{2}{3}A_{vf} + A_n,\ A_f + A_n\right) \tag{3-58}$$

对于不能采用简化方法进行承载力计算的牛腿，则按拉压杆模型进行计算，用斜压杆抵抗反作用力的竖向分量 V_n；牛腿上部纵向钢筋视为拉杆，用于平衡压杆的推力和水平向荷载。牛腿配筋和拉压杆模型如图 3-2 所示。

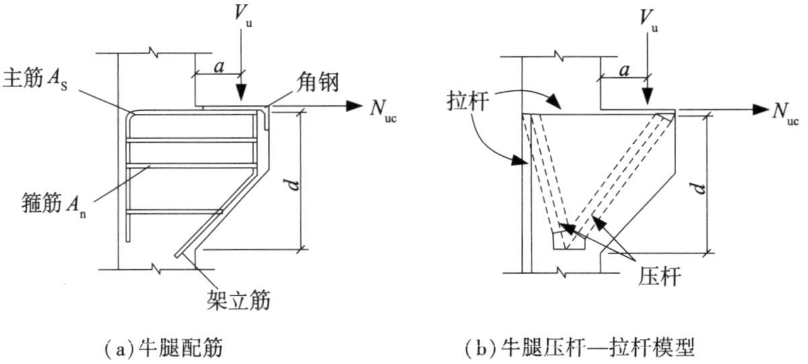

图 3-2　美国规范牛腿配筋和拉压杆模型

(3)算例分析

如图 3-3，柱截面 350 mm×350 mm。牛腿总高度 h=450 mm，宽度 b=350 mm，外缘高度 h_1=225 mm，外缘伸出柱 225 mm，反作用力作用点距柱表面 100 mm。承压板 300 mm×150 mm×3 mm。纵向钢筋采用 HRB335，箍筋采用 HPB300。

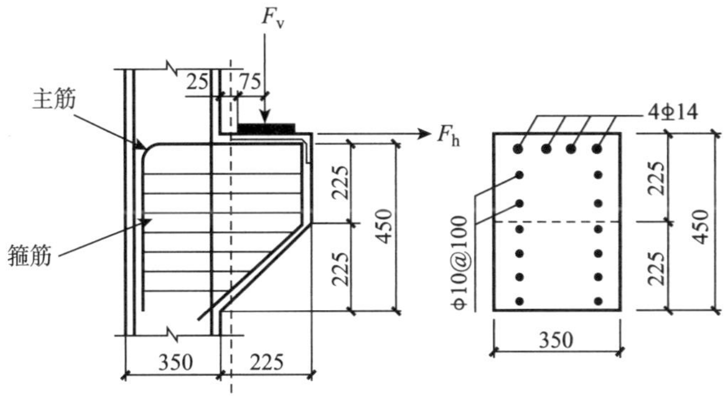

(a)侧立面　　　　(b)1-1 剖面

图 3-3　牛腿尺寸和配筋

强度折减系数按美国规范正文规定，混凝土强度等级为 C25～C60，水平荷载与竖向荷载比值为 0.2，0.4，0.6，共 8×3＝24 个组合，采用美国规范的简化方法进行计算，得到中美规范牛腿承载力设计值的比值如表 3-25 所示。

表 3-25　牛腿承载力设计值之比(按美国简化方法)

混凝土强度等级	C25	C30	C35	C40	C45	C50	C55	C60	平均
平均	1.205	1.203	1.203	1.189	1.233	1.203	1.203	1.203	1.203

采用拉压杆模型计算，得到中美规范牛腿承载力设计值比值如表 3-26 所示。

表 3-26　范牛腿抗力设计值之比(按美国拉压杆模型)

混凝土强度等级	C25	C30	C35	C40	C45	C50	C55	C60	平均
平均	1.031	1.032	1.033	1.034	1.035	1.037	1.037	1.038	1.035

注：美国规范承载力由拉杆拉断控制。

3.2.4　安全度对比分析

3.2.4.1　工况、荷载效应对比

由于中国规范与美国规范附录中核相关混凝土结构设计考虑的工况、荷载效应表达式及分项系数基本一致，因此认为二者荷载效应基本相等，即 $U/S=1$。

虽然中国规范与美国规范正文中核相关混凝土结构设计考虑的工况一致，但荷载效应表达式及分项系数不一致，因此认为二者荷载效应不相等。

3.2.4.2　抗力对比

(1)与按美国规范正文规定计算对比的结果

按中国规范和美国规范正文的规定，进行了钢筋混凝土构件承载力的对比分析，

对比结果如表 3-27 所示。

表 3-27　中美规范钢筋混凝土构件抗力对比结果(按美国规范正文)

规范	结构抗力设计值之比									
中/美	轴拉	轴压	受弯	受剪	受扭	偏压	冲切	局压	深梁	牛腿
	1.010	1.133	1.029	1.165	1.235	1.061	0.808	0.690	1.068	1.203
								0.518	1.090	1.035

注：①局压一栏第一行为荷载均匀分布时的对比结果，第二行为荷载非均匀分布时的对比结果；

②深梁一栏第一行为深梁发生弯曲破坏时的对比结果，第二行为深梁剪切破坏时的对比结果；

③牛腿一栏第一行为美国规范按照简化方法计算时的对比结果，第二行为美国规范按照拉杆—压杆方法计算时的对比结果。

(2)与按美国规范附录规定计算对比的结果

按中国规范和美国规范附录的规定，进行了钢筋混凝土构件承载力的对比分析，对比结果如表 3-28 所示。

表 3-28　构件抗力对比结果(按美国规范附录 C)

规范	结构抗力设计值之比									
中/美	轴拉	轴压	受弯	受剪	受扭	偏压	冲切	局压	深梁	牛腿
	1.010	0.982	1.029	1.028	1.060	1.003	0.713	0.641	0.942	1.203
								0.481	0.963	1.035

说明：同表 3-27。

3.2.4.3　安全度对比结果

按(式 3-5)综合安全系数 K 公式，对中国规范与美国规范按附录 C 的规定设计的核安全相关混凝土结构的安全度进行对比。中美规范核安全相关混凝土结构的安全度对比结果如表 3-29 所示。

表 3-29　结构安全度的对比结果(按美国规范附录 C)

规范	$\varphi f_{yk}A_s\left(1-\frac{1.1\alpha_1 f_c}{0.85f'_c}\cdot\frac{\xi_b}{2}\right)h_0$									
中/美	轴拉	轴压	受弯	受剪	受扭	偏压	冲切	局压	深梁	牛腿
	1.010	0.982	1.029	1.028	1.060	1.003	0.713	0.641	0.942	1.203
								0.481	0.963	1.035

说明：同表 3-27。

由表 3-29 可以看出，按美国规范附录 C 的荷载组合和强度折减系数进行设计时，中国规范轴心受拉、轴心受压、受弯、受剪、受扭、偏心受压构件和深梁的安全度与美国规范的相当；构件受冲切的安全度比美国规范的高约 30%；局部受压构件的安全度比美国规范的高约 50%；牛腿按简化方法设计时的安全度比美国规范的低约 20%，按拉压杆模型设计时与美国规范的相当。

3.3 结构可靠度分析

3.3.1 承载力设计表达式

(1)中国规范

中国规范的承载力设计表达式

$$S_d \leqslant R_d,\ R_d = R(f_{cd},\ f_{yd},\ a_k) \tag{3-59}$$

式中：

S_d——承载能力极限状态的荷载效应组合设计值，按表 3-3 确定；

R_d——结构构件的承载力设计值；

f_{cd}，f_{yd}——混凝土、钢筋的强度设计值；

a_k——几何参数标准值。

满足式(3-59)即满足了中国规范的安全度要求。

(2)美国规范

美国规范的承载力设计表达式

$$U_d \leqslant \phi R_n \tag{3-60}$$

式中：

U_d——乘系数的荷载效应组合设计值；

R_n——结构抗力名义值。

满足(式 3-60)即满足了美国规范的安全度要求。

3.3.2 荷载和抗力统计参数

3.3.2.1 荷载统计参数

美国学者 Mori 和 Ellingwood 曾做过有关核安全相关混凝土结构可靠度方面的研究工作，Mori 和 Ellingwood 在文献[8][9]给出的核安全相关混凝土结构荷载效应统计参数如表 3-30 所示。

表 3-30 核安全相关混凝土结构荷载效应统计参数

荷载效应	均值系数(平均值/标准值)	变异系数	概率分布
结构自重 D	1.0	0.1	正态

续表

荷载效应	均值系数（平均值/标准值）	变异系数	概率分布
活载 L	0.4	0.50	极值Ⅰ型
地震 E_{ss}	0.078	0.85	极值Ⅱ型
固定设备 Q_n	1.0	0.04	正态
事故压力 P_a	0.8	0.20	极值Ⅰ型
事故温度 T_a	0.9	0.08	极值Ⅰ型

参考上述资料并经综合分析，本报告采用的荷载统计参数如表 3-31 所示。

表 3-31　核安全相关混凝土结构荷载效应统计参数

荷载效应	均值系数（平均值/标准值）	变异系数	概率分布
结构自重 D	1.0	0.1	正态
活载 L	0.4	0.50	极值Ⅰ型
吊车荷载 C_{cr}	0.9	0.18	极值Ⅰ型
液体静压力 F	1.0	0.12	正态
土压力 H	0.8	0.38	正态
反力 R_0	0.75	0.4	极值Ⅰ型
管道反力 R_a	0.65	0.45	极值Ⅰ型
事故压力 P_a	0.8	0.2	极值Ⅰ型
事故温度 T_a	0.9	0.88	极值Ⅰ型

3.3.2.2　结构抗力统计参数

（1）中国规范

我国在分析建筑结构的可靠度水平时，曾对钢筋混凝土构件的抗力进行了统计分析，给出了不同受力构件抗力的均值系数和变异系数，但这些均值系数是用抗力与其标准值表示的（确定目标可靠指标前尚不能确定材料性能和构件承载力的设计值），而实际设计中采用的是构件抗力的设计值，因此分析规范的可靠度水平，需确定构件抗力与其设计值的统计参数。

钢筋混凝土构件的抗力（随机变量）可表示为

$$R = K_P R(f_c,\ f_y,\ a) \tag{3-61}$$

式中：

K_P——抗力构件计算抗力与实际抗力差别的系数（随机变量）；

f_c——混凝土抗压强度(随机变量);

f_y——钢筋屈服强度(随机变量);

a——构件截面尺寸(随机变量)。

将式(3-61)除以式(3-59)得标准化的抗力

$$K_R=\frac{R}{R_d}=\frac{K_P R(f_c,\ f_y,\ a)}{R(f_{cd},\ f_{yd},\ a_k)} \tag{3-62}$$

用我国规范抗力设计值标准化(即抗力除其设计值)的抗力表达式见表3-32。

表3-32　中国规范的标准化抗力 K_R

受力形式	抗力表达式	说明
轴心受拉	$K_R=K_P K_{f_y}$	—
轴心受压	$K_R=1.11K_P K_{f_c}K_b K_h\left(1-\frac{f'_{yd}A'_s}{f_{cd}bh+f'_{yd}A'_s}\right)+1.11K_p K_{f_y}\left(\frac{f'_{yd}A'_s}{f_{cd}bh+f'_{yd}A'_s}\right)$	$\frac{f'_{yd}A'_s}{f_{cd}bh+f'_{yd}A'_s}$取0.2
受弯	$K_R=K_p K_{f_y}K_b K_{h_0}^2\left(\frac{2f_{cd}-\rho f_{yd}K_{f_y}/K_{f_c}}{2f_{cd}-f_{yd}\rho}\right)$	配筋率ρ取1%
大偏心受压	$K_R=K_p K_{f_c}K_b K_{h_0}^2\left(\frac{k_3+\sqrt{k_3^2+1.8\frac{K_{f_y}}{K_{f_c}K_b K_{h_0}}}}{k_3+\sqrt{k_3^2+1.8}}\right)$	$k_3=\left(0.6-\frac{e_0}{h_0}\right)\sqrt{\frac{f_{cd}}{f_{yd}\rho}}$ 对于C40混凝土，HRB400钢筋，配筋率$\rho=1\%$，$\frac{e}{h_0}=1.5$时，$k_1=-2.46$
受剪	$K_R=K_P K_t(K_{f_t}K_b K_{h_0}k_4+K_{f_y}K_{h_0}k_5)$	$K_t=\frac{0.07f_{cd}bh_0+1.5f_{yvd}\frac{A_{sv}}{s}h_0}{0.7f_{td}bh_0+f_{yvd}\frac{A_{sv}}{s}h_0}$ $k_4=\frac{0.7f_{td}bh_0}{0.7f_{td}bh_0+f_{yvd}\frac{A_{sv}}{s}h_0}$ $k_5=\frac{f_{yvd}\frac{A_{sv}}{s}h_0}{0.7f_{td}bh_0+f_{yvd}\frac{A_{sv}}{s}h_0}$

各符号的含义:

K_b——构件截面宽度与宽度标准值之比；K_{f_c}——混凝土强度与强度设计值之比；K_h——构件截面高度与高度标准值之比；K_{f_y}——钢筋强度与强度设计值之比；K_{h_0}——构件有效高度与有效高度标准值之比；K_P——抗力计算模式不定性系数。

对于标准化的抗力 $K_R=R(X_1, X_2, \cdots, X_n)$，其平均值、标准差和变异系数可按下列公式计算：

$$\mu_{K_R}=R(\mu_{X_1}, \mu_{X_2}, \cdots, \mu_{X_n}) \tag{3-63}$$

$$\sigma_{K_R}\approx\sqrt{\sum_{i=1}^{n}\left(\frac{\partial R}{\partial X_i}\bigg|_{\mu_{X_i}}\sigma_{X_i}\right)^2} \tag{3-64}$$

$$\delta_{K_R}=\frac{\sigma_{K_R}}{\mu_{K_R}} \tag{3-65}$$

式中：

μ_{X_i}、σ_{X_i}——第 i 个随机变量 X_i 的平均值和标准差。

表 3-32 中各基本变量的统计参数如表 3-33 所示。

表 3-33　基本变量的统计参数和概率分布类型

项次	统计参数无变化的基本变量			统计参数		概率分布
				均值系数 κ	变异系数 δ	
1	计算模式不定性系数 K_P		轴心受拉	1.00	0.04	对数正态
2			轴心受压	1.00	0.05	
3			大偏心受压	1.00	0.06	
4			受弯	1.00	0.07	
5			受剪	1.00	0.09	
6	截面尺寸	宽度	B	1.00	0.01	正态
7		高度	H	1.00	0.01	
8		有效高度	H_0	1.00	0.02	
12	钢筋强度	f_y	HRB400	1.161	0.069	正态
13			HRB500	1.200	0.069	
14	混凝土强度	轴心抗压强度 f_c	C30	1.825	0.17	正态
15			C40	1.743	0.16	
16			C50	1.714	0.15	
17			C60	1.684	0.14	

混凝土强度等级按 C40 考虑，钢筋强度等级按 HRB400 考虑。根据表 3-33 中的统计参数，采用式(3-61)~式(3-65)计算得到中国规范的核安全相关混凝土结构构件的抗力统计参数，如表 3-34 所示。

表 3-34　中国规范核安全相关混凝土结构构件的抗力统计参数

构件	轴心受拉	轴心受压	受弯	大偏心受压	受剪
μ_{K_R}	1.161	1.806	1.201	1.194	2.211

续表

构件	轴心受拉	轴心受压	受弯	大偏心受压	受剪
δ_{K_R}	0.107	0.148	0.104	0.112	0.171

(2)美国规范

核安全相关混凝土结构可靠度分析时采用的构件抗力统计参数如表 3-35 所示。

表 3-35　美国核安全相关混凝土结构构件的抗力统计参数

受力状态	均值系数 (平均值/名义值)	变异系数	分布类型	备注
受弯	1.11	0.13	对数正态	文献[11]
受剪	1.22	0.18	对数正态	
受压控制破坏	1.13	0.14	对数正态	
受拉控制破坏	1.12	0.14	对数正态	
轴心受拉	1.12	0.11	对数正态	
轴心受压	1.20	0.13	对数正态	

3.3.3　不同荷载工况和荷载组合下的可靠指标

如表 3-3 所示，核安全相关混凝土结构设计时需考虑多个荷载工况和荷载组合，但由于缺乏大部分荷载(如正常运行时的温度、管道反力等)的统计资料，难以针对相关荷载工况和荷载组合进行可靠度分析。所以，本章只对表 3-3 中国规范和美国规范附录 C 中正常运行工况的第 1 个荷载组合的混凝土结构构件的可靠度进行分析。

(1)中国规范

正常运行工况下的荷载组合式为(为便于区分荷载标准值与随机变量，荷载效应标准值添加了下标 k)

$$S_d = 1.4D_k + 1.7L_k + 1.7R_{0k} \tag{3-66}$$

式中：

D_k——恒荷载效应标准值，包括：D_{1k}(结构自重)、D_{2k}(液体静压力)、D_{3k}(土压力)、D_{4k}(固定设备自重)；

L_k——活荷载效应标准值，包括：可移动设备荷载 L_{1k}、吊车荷载 L_{2k}；

R_{0k}——正常运行和停堆条件下管道和设备反力效应标准值。

(2)美国规范

按美国规范附录 C 的规定进行设计时，正常运行工况下荷载组合式为(为便于区分荷载名义值与随机变量，荷载效应名义值添加了下标 n)

$$U_d = 1.4D_n + 1.4F_n + 1.7L_n + 1.7H_n + 1.7R_{0n} + 1.4C_{cr,n} \quad (3\text{-}67)$$

式中：

D_n——永久荷载效应名义值，包括管道、设备、隔墙和起重机部件的静力荷载；

F_n——由液体的自重和压力产生的荷载效应名义值；

L_n——活荷载产生的荷载效应名义值(仅由可移动设备产生)；

H_n——土、土中水或其他物质的重量和压力产生的荷载效应；

R_{0n}——正常运行和停堆下不包括恒载和地震作用时管道和设备的反力效应名义值；

$C_{cr,n}$——吊车荷载产生的荷载效应名义值。

从上面中国规范和美国规范荷载组合中各符号的含义不难看出，美国规范的恒载 D_n 相当于中国规范的 $D_{1k}+D_{4k}$；美国规范的液体自重及压力荷载 F_n 相当于中国规范的 D_{2k}；美国规范的荷载 H_n 相当于中国规范的荷载 D_{3k}，美国规范的 L_n 相当于中国规范的 L_{1k}，美国规范的 $C_{cr,n}$ 相当于中国规范的 L_{2k}。

将中国规范和美国规范的设计表达式中各荷载的设计值列于表 3-36，可以看出中国规范荷载组合式(3-66)和美国规范荷载组合式(3-67)考虑的荷载类型是完全相同的，只是有些荷载的分项系数有所不同。

表 3-36　中国规范和美国规范荷载效应设计值的对应关系

S_d	$1.4D_{1+4,k}$	$1.4D_{2k}$	$1.4D_{3k}$	$1.7L_{1k}$	$1.7L_{2k}$	$1.7R_{0k}$
U_d	$1.4D_n$	$1.4F_n$	$1.7H_n$	$1.7L_n$	$1.4C_{cr,n}$	$1.7R_{0n}$

注：$D_{1+4,n}=D_{1n}+D_{4n}$。

3.3.4　结构功能函数

(1)中国规范

根据中国规范正常工况的荷载组合，结构功能函数为

$$Z = R - D_{1+4} - D_2 - D_3 - L_1 - L_2 - R_0 \quad (3\text{-}68)$$

式中：

D_{1+4}——结构自重；

D_2——液体静压力产生的永久荷载效应；

D_3——土压力产生的永久荷载效应；

L_1——可移动设备产生的活载效应；

L_2——吊车荷载产生的活载效应；

R_0——结构所受管道反力产生的荷载效应。

假定$\dfrac{D_2}{D_{1+4,k}}=\rho_1$，$\dfrac{D_{3k}}{D_{1+4,k}}=\rho_2$，$\dfrac{L_{1k}}{D_{1+4,k}}=\rho_3$，$\dfrac{L_{2k}}{D_{1+4,k}}=\rho_4$，$\dfrac{R_{0k}}{D_{1+4,k}}=\rho_5$。按最低可靠度考虑，取 $R_d=S_d$，式(3-67)两边同时除以 R_d，则式(3-68)可表示为

$$Z=K_{R}-\frac{1}{k_{1}}(K_{D_{1+4}}+\rho_{1}K_{D_{2}}+\rho_{2}K_{D_{3}}+\rho_{3}K_{L_{1}}+\rho_{4}K_{L_{2}}+\rho_{5}K_{R_{0}}) \quad (3\text{-}69)$$

式中：

K_R——结构构件实际抗力与抗力设计值之比；

K_{R_0}——管道反力产生的实际荷载效应与管道反力效应标准值之比；

$K_{D_{1+4}}$——结构自重与固定设备产生的实际荷载效应与该荷载效应标准值的比；

K_{L_1}——由可移动设备产生的活载效应与该荷载效应标准值之比；

K_{D_2}——液体压力与自重产生实际荷载效应与该荷载效应标准值之比；

K_{D_3}——土压力产生的实际荷载效应与土压力荷载效应标准值的之比；

K_{L_2}——吊车荷载产生的实际荷载效应与该荷载效应标准值之比。

k_1——常数，按下式计算：

$$k_{1}=1.4(1+\rho_{1}+\rho_{2})+1.7(\rho_{3}+\rho_{4}+\rho_{5}) \quad (3\text{-}70)$$

（2）美国规范

根据美国规范附录 C 中正常工况的荷载效应组合，结构功能函数为

$$Z=R-D-F-L-H-R_{0}-C_{cr} \quad (3\text{-}71)$$

假定$\frac{F_n}{D_n}=\rho_1$，$\frac{H_n}{D_n}=\rho_2$，$\frac{L_n}{D_n}=\rho_3$，$\frac{C_{cr,n}}{D_n}=\rho_4$，$\frac{R_{0n}}{D_n}=\rho_5$。按最低可靠度考虑，取 $U_d=\varphi R_n$，式（3-69）两边同时除以 ϕR_n，则式（3-71）可简化为

$$Z=\frac{K_{R}}{\varphi}-\frac{1}{k_{2}}(K_{D}+\rho_{1}K_{F}+\rho_{2}K_{H}+\rho_{3}K_{L}+\rho_{4}K_{C_{cr}}+\rho_{5}K_{R_{0}}) \quad (3\text{-}72)$$

式中：

K_R——结构构件实际抗力与抗力名义值之比；

K_{R_0}——管道反力效应与管道反力效应名义值之比；

K_D——结构自重与固定设备产生的实际荷载效应与该荷载效应名义值之比；

K_F——液体压力与自重产生实际荷载效应与该荷载效应名义值之比；

K_H——土压力产生的实际荷载效应与土压力荷载效应名义值之比；

K_L——由可移动设备产生的活载效应与该荷载效应名义值之比；

$K_{C_{cr}}$——吊车荷载产生的荷载效应与该荷载效应名义值之比；

k_2——系数，按下式计算：

$$k_{2}=1.4(1+\rho_{1}+\rho_{4})+1.7(\rho_{2}+\rho_{3}+\rho_{5}) \quad (3\text{-}73)$$

3.3.5 可靠指标计算

（1）中国规范

荷载效应统计参数取表 3-31 的值，抗力统计参数取表 3-34 的值。假定 $\rho_1=0.2$，$\rho_2=0.3$，ρ_3 的变化范围为 0.1～2.0，$\rho_4=0.2$，ρ_5 的变化范围为 0.1、0.2、0.3。采用一次二阶矩方法计算得到中国规范核安全相关混凝土结构各受力构件的可靠指标如

表 3-37 所示。

表 3-37 中国规范核安全相关混凝土结构构件的可靠指标

	ρ_5	ρ_3						
		0. 1	0. 2	0. 5	1. 0	1. 5	2. 0	平均
轴心受拉	0. 1	4. 005	4. 469	4. 980	5. 433	5. 533	5. 548	4. 995
	0. 2	4. 070	4. 506	4. 994	5. 446	5. 552	5. 567	5. 022
	0. 3	4. 119	4. 529	4. 999	5. 454	5. 568	5. 584	5. 042
	平均	4. 064	4. 501	4. 991	5. 444	5. 551	5. 567	5. 020
	ρ_5	ρ_3						
		0. 1	0. 2	0. 5	1. 0	1. 5	2. 0	平均
轴心受压	0. 1	4. 551	4. 793	5. 069	5. 378	5. 543	5. 642	5. 163
	0. 2	4. 585	4. 811	5. 074	5. 374	5. 537	5. 636	5. 169
	0. 3	4. 612	4. 825	5. 076	5. 369	5. 531	5. 630	5. 174
	平均	4. 582	4. 810	5. 073	5. 374	5. 537	5. 636	5. 169
	ρ_5	ρ_3						
		0. 1	0. 2	0. 5	1. 0	1. 5	2. 0	平均
受剪	0. 1	4. 306	4. 476	4. 670	4. 894	5. 019	5. 097	4. 744
	0. 2	4. 329	4. 488	4. 673	4. 890	5. 013	5. 091	4. 747
	0. 3	4. 349	4. 498	4. 675	4. 886	5. 007	5. 085	4. 750
	平均	4. 328	4. 487	4. 673	4. 890	5. 013	5. 091	4. 747
	ρ_5	ρ_3						
		0. 1	0. 2	0. 5	1. 0	1. 5	2. 0	平均
大偏心受压	0. 1	4. 106	4. 289	4. 479	4. 448	4. 265	4. 121	4. 285
	0. 2	4. 194	4. 363	4. 543	4. 519	4. 331	4. 179	4. 355
	0. 3	4. 259	4. 417	4. 590	4. 582	4. 392	4. 234	4. 412
	平均	4. 186	4. 356	4. 537	4. 516	4. 329	4. 178	4. 351
	ρ_5	ρ_3						
		0. 1	0. 2	0. 5	1. 0	1. 5	2. 0	平均
受弯	0. 1	4. 405	4. 600	4. 780	4. 626	4. 389	4. 221	4. 504
	0. 2	4. 500	4. 681	4. 853	4. 708	4. 461	4. 282	4. 581
	0. 3	4. 567	4. 736	4. 905	4. 781	4. 528	4. 341	4. 643
	平均	4. 491	4. 672	4. 846	4. 705	4. 459	4. 281	4. 576

(2)美国规范

荷载统计参数取表 3-30 的值，抗力统计参数取表 3-35 的值。假定 $\rho_1=0.2$，$\rho_2=0.3$，ρ_3 的变化范围为 0.1~2.0，$\rho_4=0.2$，ρ_5 的变化范围为 0.1~0.3。采用一次二阶矩方法计算得到美国规范核安全相关混凝土结构各受力构件的可靠指标如表 3-38 所示。

表 3-38　美国规范核安全相关混凝土结构构件的可靠指标

	ρ_5	ρ_3						
		0.1	0.2	0.5	1.0	1.5	2.0	平均
轴心受拉	0.1	4.136	4.351	4.598	4.736	4.648	4.551	4.504
	0.2	4.209	4.409	4.641	4.784	4.698	4.596	4.556
	0.3	4.264	4.451	4.673	4.824	4.743	4.639	4.599
	平均	4.203	4.404	4.638	4.781	4.696	4.596	4.553
	ρ_5	ρ_3						
		0.1	0.2	0.5	1.0	1.5	2.0	平均
轴心受压	0.1	4.910	5.057	5.235	5.411	5.420	5.363	5.233
	0.2	4.960	5.095	5.262	5.434	5.452	5.398	5.267
	0.3	4.998	5.125	5.282	5.453	5.480	5.430	5.295
	平均	4.956	5.092	5.260	5.433	5.451	5.397	5.265
	ρ_5	ρ_3						
		0.1	0.2	0.5	1.0	1.5	2.0	平均
受剪	0.1	4.069	4.230	4.428	4.636	4.685	4.663	4.452
	0.2	4.123	4.272	4.457	4.659	4.713	4.693	4.486
	0.3	4.166	4.305	4.480	4.677	4.736	4.720	4.514
	平均	4.119	4.269	4.455	4.657	4.711	4.692	4.484
	ρ_5	ρ_3						
		0.1	0.2	0.5	1.0	1.5	2.0	平均
受拉控制截面(大偏心受压)	0.1	4.136	4.351	4.598	4.736	4.648	4.551	4.504
	0.2	4.209	4.409	4.641	4.784	4.698	4.596	4.556
	0.3	4.264	4.451	4.673	4.824	4.743	4.639	4.599
	平均	4.203	4.404	4.638	4.781	4.696	4.596	4.553

续表

	ρ_5	ρ_3						
		0.1	0.2	0.5	1.0	1.5	2.0	平均
受弯	0.1	3.813	4.014	4.252	4.455	4.441	4.382	4.226
	0.2	3.881	4.066	4.290	4.491	4.482	4.421	4.272
	0.3	3.933	4.106	4.319	4.520	4.517	4.457	4.309
	平均	3.876	4.062	4.287	4.489	4.480	4.420	4.269

3.3.6 中美规范可靠指标对比

中国规范与美国规范核安全相关混凝土结构各受力构件可靠指标的计算结果汇总见表 3-39。

表 3-39 中美核安全相关混凝土结构可靠指标对比

构件		轴心受拉	轴心受压	大偏心受压	受剪	受弯	平均
规范	中国	5.020	5.169	4.351	4.747	4.576	4.773
	美国	4.553	5.265	4.553	4.484	4.269	4.601

由表 3-39 可以看出，中国规范轴心受拉、受剪和受弯构件的可靠指标比美国规范高，轴心受压和大偏心受压构件的可靠指标比美国规范低。从分析的 5 种构件可靠指标的平均结果来看，我国规范的可靠指标比美国规范的可靠指标略高，但相差不大。

3.3.7 核安全相关混凝土结构的目标可靠指标建议值

表 3-39 列出了中国规范和美国规范核安全相关混凝土结构各构件的可靠指标分析结果，我国核安全相关混凝土结构的可靠指标平均值比美国标准《建筑及其他结构最小设计荷载》(ASCE 7-10)中不包括地震时结构的可接受可靠指标略高，但相差不大。考虑到核安全相关混凝土结构属于“储放足够多、质量超过管理部门规定限量，且发生泄漏或爆炸足以对公众构成威胁的剧毒品或爆炸物的结构(包括但不限于制作、生成、运输、储放、使用或按危险燃料、危险化学品、危险废物或爆炸物销毁物品的设施)”，提出我国核安全相关混凝土结构正常运行工况下设计的目标可靠指标为 4.7。

参考文献

[1] GB/T 51390—2019. 核电厂混凝土结构技术标准. 2019.
[2] GB 50010—2010. 混凝土结构设计规范. 2015.
[3] GB 50009—2012. 建筑结构荷载规范. 2012.

[4] ACI 349－06. Code Requirements for Nuclear Safety-Related Concrete Structures and Commentary. 2006.
[5] ANSI/AISC N690－06. Specification for Safety-Related Steel Structures for Nuclear Facilities. 2006.
[6] ASCE /SEI 7-10. Minimum Design Loads for Buildings and Other Structures. 2010.
[7] 贡金鑫，魏巍巍，胡家顺. 中美欧混凝土结构设计. 北京：中国建筑工业出版社，2007.
[8] Ellingwood B. Statistical analysis of RC beam-column interaction. Journal of the Structural Division，ASCE，1977，103(ST7)：1377-1388.
[9] Andrzej S. Nowak，Maria M. Szerszen. Calibration of design code for buildings (ACI 318)：Part 1 － Statistical Models for Resistance factors. ACI Structural Journal，2003，100(3)：383-391.
[10] Mori Y，Ellingwood B. Methodology for reliability based condition assessment. Application to concrete structures in nuclear plants. Nuclear Power Plants，1993，271(8)：587-8.
[11] 贡金鑫，魏巍巍. 工程结构可靠性设计原理. 机械工业出版社，2007.
[12] 史志华，胡德炘，陈基发. 钢筋混凝土结构安全度水准修订评估// 全国工程结构可靠性学术会议. 2002.
[13] GB 50153—2008. 工程结构可靠性设计统一标准.
[14] GB 50068—2001. 建筑结构可靠度设计统一标准.
[15] 公路工程结构可靠性设计统一标准(修订版报批稿).
[16] GB 50158—2010. 港口工程结构可靠性设计统一标准.
[17] GB 50199—2013. 水利水电结构可靠性设计统一标准.
[18] Q/CR 9007—2014. 铁路工程结构可靠性设计统一标准.

第四章
材　料

4.1 混凝土

混凝土自19世纪中叶开始应用以来，随着科学技术的进步和试验研究方法不断完善、理论分析研究的逐步深入、计算分析手段特别是电算和大型有限元分析软件的出现使得计算分析更加精细化、新研发的建筑材料广泛地应用以满足特殊需求，施工水平持续提升和改进，混凝土已经成为现代工程建设中应用最广泛、最重要的建筑材料之一。

钢筋混凝土是由钢筋和混凝土两种物理-力学性能完全不同的材料所组成。混凝土用量最大的砂、石等原材料来源丰富，可就地取材，从而提高其经济性；现浇的钢筋混凝土结构具有非常出色的整体性能，可抵抗地震作用、冲击波作用；钢筋混凝土由于其自身特点，具有抗冻融、抗腐蚀的优点，具有良好的耐久性，同时还具有一定的耐火性；钢筋混凝土还可以根据需要，浇筑成为各种形状和尺寸的结构以满足工艺布置的空间要求。核电厂建构筑物，特别是核岛厂房结构体型大，建筑材料用量多；对内外部灾害防护要求高(如地震、飞机撞击、内部飞射物等)，需要采用具有良好性能的建筑材料；核电厂建设一般濒临海边，长期处于氯盐环境，对建筑材料的耐久性也提出了较高的要求；核电厂核岛厂房在运行中，因工艺系统的需要，如三废处理，某些区域会具有一定的辐射性，需要具有较高密度的材料进行屏蔽以保证人员和环境的安全。钢筋混凝土恰恰具有核电土建所需要的一系列特点且其技术成熟、应用广泛，因此成为核电建设的重要材料。

核电厂用到的钢筋混凝土，除了一些特殊区域或者满足某种特殊工艺要求外，与普通工业、民用建构筑物用到的钢筋混凝土技术要求基本相同。

4.1.1 原材料

混凝土原材料一般包含骨料(砂、石)、水、水泥、掺合料和外加剂。

骨料包括天然骨料、人工骨料和混合骨料。颗粒必须坚硬、坚固、耐久，并不得含有黏附的表层、黏土、壤土、碱、有机物或其他有害物质。骨料的原石强度、有害物质及碱活性、放射性、颗粒级配等要求满足国标相关要求。为了保证核电建设中骨料的连续供应，一般来说，骨料原石的勘测储量不低于工程需求量的两倍。

拌合水一般使用核电建设现场管网中经处理达到要求的清洁水。如直接使用江、河、湖及水库的水作为用水时，需进一步考查水源有无受环境污染，并开展相关检测试验，合格后方可使用。拌合水按照国标《混凝土用水标准》(JGJ 63—2006)的要求执行。

水泥一般采用硅酸盐水泥，各项性能指标满足《核电工程用硅酸盐水泥》(GB/T 31545—2015)的要求。为保证水泥指标性能满足核电建设要求，对于首次供应水泥的企业需进行核电用水泥的试生产。

外加剂和掺合料指混凝土所用的化学外加剂和粉煤灰、磨细矿渣等矿物掺合料。外加剂满足国家标准的相关要求。粉煤灰混凝土一般优先采用F类I级粉煤灰，为验证粉煤灰质量的稳定，针对首次使用某一厂家的粉煤灰，从使用其产品前6个月开始对细度、需水量比、烧失量、含水量、三氧化硫质量、游离氧化钙质量、密度、安定性、强度活性、铵含量等指标开展每月不少于2次的检测。

掺合料的比例须满足国标的相关要求。对于筏基混凝土，当使用普通硅酸盐水泥时掺合料总量不高于40%，当使用硅酸盐水泥时掺合料总量不高于50%；对于安全壳预应力混凝土，当使用普通硅酸盐水泥时掺合料总量不高于25%，当使用硅酸盐水泥时掺合料总量不高于35%(单掺粉煤灰时掺量不高于30%)；其他部位混凝土，当使用普通硅酸盐水泥时掺合料总量不高于30%，当使用硅酸盐水泥时掺合料总量不高于40%。

4.1.2 一般混凝土

核电厂核安全相关厂房建设由于需要的混凝土用量大，厂址一般坐落在比较偏僻的海边，且对混凝土质量、稳定性要求高，因此一般不采用商品混凝土，均在建设初期就近自行建造混凝土搅拌站来保证混凝土的供应。

考虑厂址环境类别、耐久性和结构性能等因素，核安全相关厂房使用的混凝土等级一般为C40、C50、C60。

核安全相关厂房筏基一般都深埋在地面以下，对混凝土抗渗性能有一定要求，一般要求混凝土抗渗等级为P8。

核安全相关厂房所用混凝土，对有害物质(氯离子、三氧化硫、碱)的含量均提出了明确的控制指标。一般而言，新搅拌混凝土的氯离子最大总含量(用单位体积混凝土中氯离子与胶凝材料的重量比表示)，对于预应力混凝土不超过0.06%，对于普通钢筋混凝土不超过0.08%；单位体积混凝土中三氧化硫的最大含量不应超过胶凝材料总量的4.0%；单位体积混凝土中的含碱量(水溶碱，等效/当量)不应超过3.0 kg/m^3。

对于滨海核电站，核岛厂房外墙及室外构件部分的混凝土抗氯离子侵入性指标为28 d龄期氯离子扩散系数$D_{RCM}/(10^{-12}\ m^2/s)$不大于4.0。

混凝土在配制中，要开展一系列的试验，包括混凝土的配合比试验(研究性试验、初步试验、可行性试验及按要求进行的其他试验)和检查试验。特别地，核安全相关混凝土一般需补做以下参考试验，以获取相应的数据进行验证及用于使用期间、延寿等方面的评估计算分析。

(1)泊松比

(2)受压徐变

(3)收缩
(4)碳化
(5)绝热温升
(6)热膨胀系数
(7)导热系数
(8)比热容
(9)导温系数
(10)抗冻融(与具体厂址相关，如核电厂址属于严寒地区，则需要开展该项试验)

4.1.3　特殊混凝土

4.1.3.1　自密实混凝土

核电厂的核岛厂房作为特殊的工业厂房，有其自身的安全要求。抗震设防标准较高，导致地震内力较大，同时组合了特殊工况(如高温、设备反力等)，结构构件局部配筋密度高，存在混凝土振捣不密实的潜在风险。在此类构件、节点区域，可以采用自密实混凝土来降低施工质量不易保证的风险。

自密实混凝土具有较大的流动性、较好的稳定性、优良的填充性，易于在施工空间受限而无法振捣的区域得到应用，如安全壳截锥体、闸门套筒区域等施工困难的部位。某电厂使用的自密实混凝土性能指标见表 4-1。

表 4-1　某电厂使用的自密实混凝土性能指标

自密实性能	性能指标	性能等级	
		一级(细石混凝土)	二级(一般混凝土)
流动性	坍落扩展度(SF)/mm	650≤SF≤750	600≤SF≤700
抗离析性	T50/s	2≤T50≤5	2≤T50≤5
	V 型漏斗通过时间/s	5~25	5~25
间隙通过性	U 型箱填充高度/mm	≥320	≥320

4.1.3.2　生物防护用重混凝土

核电厂在运行过程中不可避免地产生一定的放射性废物，会对人体造成损伤、对环境造成影响。为了存储、处理这些称作“三废”(固体废物、废液、废气)的废弃物，需要在局部区域设置较厚的混凝土墙体、楼板或者增加钢板、铅板达到屏蔽辐射的效果。墙体、楼板厚度增加过多，会对工艺系统布置产生影响，而采用掺有重晶石、赤铁矿或者褐铁矿的混凝土来增加密度从而减小构件尺寸是一种有效的屏蔽辐射的方法。

生物防护用重混凝土的力学性能与普通混凝土要求基本一致，主要是利用重晶石、赤铁矿或者褐铁矿作为骨料，从而达到增加混凝土密度的目的。一般而言，常用的重混凝土密度介于 2800~3500 kg/m^3。

4.1.3.3　其他

(1)牺牲混凝土

在部分三代核电站设计中，为了避免在堆芯熔融事故下筏基被破坏或者被熔透，在堆坑区域和扩展区域采用了牺牲混凝土。这类混凝土主要功能为：

1)降低氧化物的密度，从而实现氧化物和堆芯熔融金属层的转化；

2)氧化堆芯熔融物的高活性成分，特别是铀和锆合金；

3)降低堆芯熔融物的温度；

4)减少水蒸气和二氧化碳的产生，从而减小安全壳的压力。

(2)纤维混凝土

普通混凝土虽然具有较高的抗压强度，但是其抗拉强度低，极限延伸率小，容易开裂。以混凝土为基材掺入一定的抗拉强度高、极限延伸率大的纤维可以有效改善混凝土的抗拉强度，从而使混凝土内部微裂缝的开展得到延缓。目前在工程实践中常用的有金属纤维混凝土(如钢纤维混凝土)、无机纤维混凝土(如玻璃纤维混凝土)、有机纤维混凝土(如聚丙烯纤维混凝土)等。

利用不同纤维的作用和功能，将多种纤维同时掺入混凝土中，以进一步提高混凝土的性能，该类混凝土称之为混合纤维混凝土。其原理是通过合理的设计，充分发挥不同纤维的优点，在不同的结构层次和受力阶段，既发挥各单一纤维的作用和功能，又发挥多种纤维复合的叠加作用，以取得优良的综合性能。与采用单一的纤维混凝土相比，它既可以提高混凝土的强度，又能明显提高其韧性、抗冲击性、耐疲劳及抗裂性能，是未来混凝土发展的一个重要方向。

4.2 钢 筋

核安全相关厂房结构使用的钢筋等级一般为 HPB300、HRB400E、HRB500E，其性能需满足国家标准规范的要求。

在某些特殊区域，要求钢材具有很高的屈服强度，主要用作重要设备的锚固。该类钢筋其特性见表 4-2 所示。

表 4-2 屈服强度钢筋性能

分类/参数	性能指标		
	Ⅰ(1)级	Ⅰ(2)级	Ⅱ级
直径/mm	26.5	36	32
极限抗拉强度/kN	568	1049	989.2
常规屈服强度/kN	460	850	868.5
延伸率	4%		
收缩率	15%		
1000 h 所保证的松弛度	4%		
3000 h 所保证的松弛度	5%		

参考文献

[1] 王爱勤，等. 建筑混凝土. 第二版. 北京：化学工业出版社，2001.
[2] 天津大学、同济大学、东南大学主编. 混凝土结构. 高等学校试用教材.

第五章

结构计算分析

5.1 基本原则

核安全相关混凝土结构应进行整体作用效应分析，同时应对整体模型难以准确分析的部位如大型设备结构支撑部位、较大洞口周围区域、复杂节点、安全壳扶壁柱等结构中受力特殊部位进行更详细的局部分析。根据功能要求和相应设计基准厂房结构通常按照弹性设计，针对一些特殊工况如大型商用飞机撞击、重物跌落等还需要进行弹塑性分析。

弹性分析方法是最基本和成熟的结构分析方法，也是其他分析方法的基础，它适用于分析结构承载能力和正常运行两种极限状态。结构内力的弹性分析和截面承载力的极限状态设计相结合，使用上简易可行，按此设计的结构，其承载力一般偏于安全。少数结构因混凝土开裂部分的刚度减小而发生内力重分布，可能影响结构其他部分的开裂和变形情况。核安全相关混凝土结构基于弹性设计，可采用混凝土弹性模量降低的方式考虑混凝土结构因开裂导致的刚度减小，而各构件(截面)刚度不随荷载效应的大小而变化，而结构内力和变形仍可采用线弹性方法进行简化分析。

弹塑性分析方法以钢筋混凝土的实际力学性能为依据，引入相应的本构关系后，可准确地分析结构受力全过程的各种荷载效应，而且可以解决各种几何和受力复杂结构的分析问题。弹塑性分析方法已经在国内外一些重要结构的设计中采用，并不同程度地纳入国外的一些主要设计规范。但这种分析方法比较复杂，计算工作量大，各种非线性本构关系尚不完善和统一，至今应用范围仍然有限，主要应用于核电厂中复杂结构、复杂区域的分析和超设计基准范畴、飞射物撞击、重物跌落等作用下的结构分析。考虑到各种非线性本构关系和分析软件使用中存在不确定性，对于弹塑性分析的结果应进行合理性判断，可采用多种程序对结果进行校核，在确认其合理、有效后方可应用于工程设计。

本章内容以厂房结构整体弹性分析为主介绍结构模型化方法、荷载作用、特殊工况分析等。以安全壳极限承载力分析、压力容器顶盖跌落为例，简单介绍弹塑性分析过程。

5.2　结构模型化方法

结构模型化是进行有限元分析的第一步，也是整个有限元分析中相当关键的一步。建模是有限元分析的基础，根据分析的性质和目的选择分析用的模型，是做结构整体计算，还是针对某个细部进行详细分析。如何选择合理的单元类型，如何对复杂的几何模型做合理的简化以方便输入、计算，如何制定网格划分方案，这些问题直接影响到求解的正确性。本小节以核岛厂房整体计算分析一般通用三维有限元分析软件为基础，对厂房的三维有限元建模过程中需要注意的一些问题予以探讨和说明。

5.2.1　建模前的准备工作

建模前首先是确定分析目的，根据分析目的决定模型的精度和规模；然后根据分析的需要选择合适的建模工具；最后从结构布置图中提炼出建模所需的信息，选择合适的单元，由下至上逐层建立有限元模型，建模基本流程如图 5-1 所示。

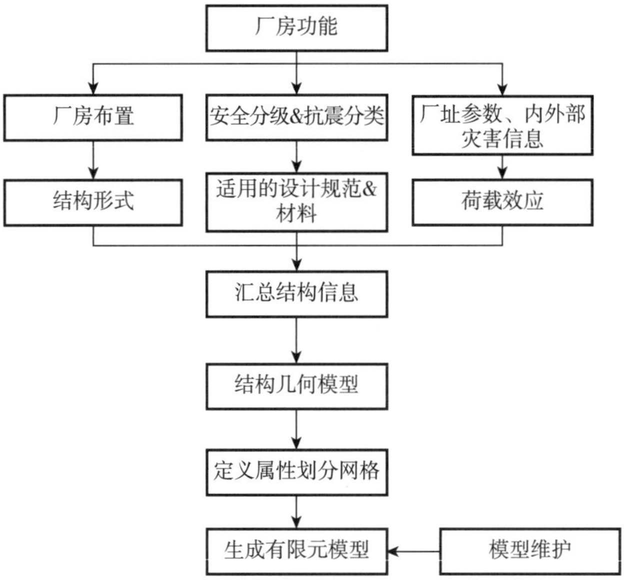

图 5-1　结构模型化流程图

(1)分析目的

进行任何一项分析工作之前，首先要确定分析目的，即通过分析想要解决什么问题，选择能够满足要求的模型大小和精度。比如对核安全相关厂房，当需要知道厂房结构在静力荷载下的变形、应力等问题时，就要建立厂房的整体模型对其进行静力分析；当需要知道厂房局部复杂节点的受力性能时，就需要建立节点模型对局部进行分析。

(2)计算分析软件

结构分析是有限元分析方法最常用的一个应用领域。结构分析中得到的基本未知量是节点位移，其他一些未知量如应力、应变、支座反力等都可以通过节点位移计算得到。通用的有限元分析软件，一般具备如下的结构分析功能。

结构静力分析，用来计算在固定不变的外荷载作用下结构的位移、应力和应变等。一般不考虑系统惯性和阻尼，但可以分析固定不变的惯性载荷(重力、离心力等)对结构的影响。

结构动力分析，用来求解在随时间变化的载荷作用下结构的动态响应，包括模态分析、谐响应分析、瞬态动力学分析和谱分析。

结构非线性分析，结构非线性分析包括几何非线性(大变形、大应变、应力强化等)、材料非线性(弹塑性、黏弹性、超弹性等)和单元非线性(接触问题、钢筋混凝土单元等)。

(3)厂房布置

建立厂房的三维有限元模型，首先要对厂房的结构非常了解。通过核岛厂房的结构布置图纸来熟悉结构布置形式，可以得到厂房的楼层标高、墙柱尺寸、楼板厚度、房间布置等信息，用于后续建立几何模型和赋单元属性。

(4)建模方法

对于比较规则的厂房结构，可以直接在软件中建模。常用的建模方法有创建实体模型方法和直接生成法。创建实体模型的方法比较适用于庞大或复杂的模型，特别是对三维实体模型更合适，可以进行如拖拉和旋转等对节点和单元不能进行的几何操作，可以使用如多边形面和圆柱体等的面和体元素，及相交、相减等布尔运算以顺序建立模型，该方法便于进行几何模型和单元类型的修改。对于小型或简单模型的生成通常采用直接生成法，可以对几何形状及每个节点和单元的编号有完全的控制，但后期优化设计和改进网格比较困难。

除了以上两种传统建模方法外，也可以考虑利用一些常用软件如 AutoCAD 等辅助工具建模。如反应堆厂房内部结构，为满足工艺系统、设备的布置需要，结构布置极其不规则，竖向构件不连续、存在大量的异性墙板。采用传统建模方法，效率极低。此时，可在 CAD 系统中利用已有的工艺布置图进行修改形成结构构件布置图，存成有限元分析软件可接受的文件格式，并把它导入到有限元分析软件中修改、调整，可以大大提高建模效率。

(5)模型简化原则

与普通民用建筑不同，核电厂厂房为满足工艺设备、管线布置需要，往往会出现结构布置不规则、竖向构件不连续，洞口位置不规律等，所以建模前的准备工作尤其重要，需要对厂房各层平面布置、洞口、构件尺寸进行比对，与分析目的相结合，模型需要突出重点分析部位，做到有的放矢、适当简化，而不能直接将结构布置图的信息转化为有限元模型。过于详细的模型，细小的洞口将会影响有限元模型的网格形状，较多的三角形和不规则网格会影响计算分析的质量和精度。所以前期图纸和结构梳理完成后，需要在建立几何模型时，进行优化，确保网格质量规整。一般可按照如下原则。

1）次要结构考虑方式：次要结构主要指厂房内部隔墙、混凝土风道、屋面女儿墙、水池内钢敷面、楼梯等。次要结构可不建入模型，但应考虑其质量对结构分析的影响。

2）楼板和墙体几何定位：楼板及墙体定位均以结构中面定位，以中面对齐的方式进行建模，当不同厚度的墙墙或板板相连时，两中面距离相差小于等于一定值时，可参照图 5-2 处理，以具有代表性的楼板（或墙体）的中面定位。具有代表性的楼板（或墙体）为：较厚楼板或墙体；面积较大的楼板；长度较长的墙体等。框架柱一般以其中心定位，如存在相邻墙体，应移至相邻墙中线，楼板梁中面移至楼板中面。

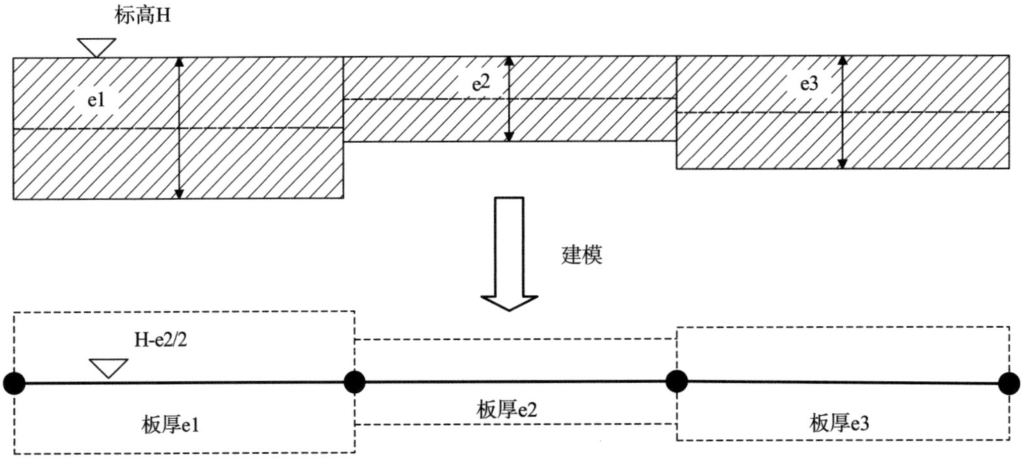

图 5-2　不同板厚板中面简化示意图

3）洞口的简化处理：洞口所在构件厚度、洞口位置、洞口大小等会对构件受力性能有不同的影响，需逐层分析需要模型化的洞口及模型化时洞口的简化原则（图 5-3～图 5-5）。洞口简化一般可考虑如下原则：除安全壳外，为了划分网格方便，对于楼板、墙体上的小型圆形洞口建模时可简化为方形洞口，边长取圆洞的直径；对于一般门洞企口，需根据墙体厚度与企口尺寸比例来确定墙上门洞建模时是否考虑企口对墙体的削弱作用；当墙（板）上洞口距相邻墙（板）边净距或距楼板净距过小时，需将墙（板）洞口范围扩大至相邻墙（板）中心线；对于同一片墙或楼板存在较多小洞口，且成排成列布置，当影响到传力路径时，需在整体计算静力分析模型中酌情考虑，在抗震分析模型中可不考虑；当两洞口在钢筋布置方向净距≤300 mm 时，且经分析洞间混凝土区域无法传力时，一般应考虑为联合洞口。

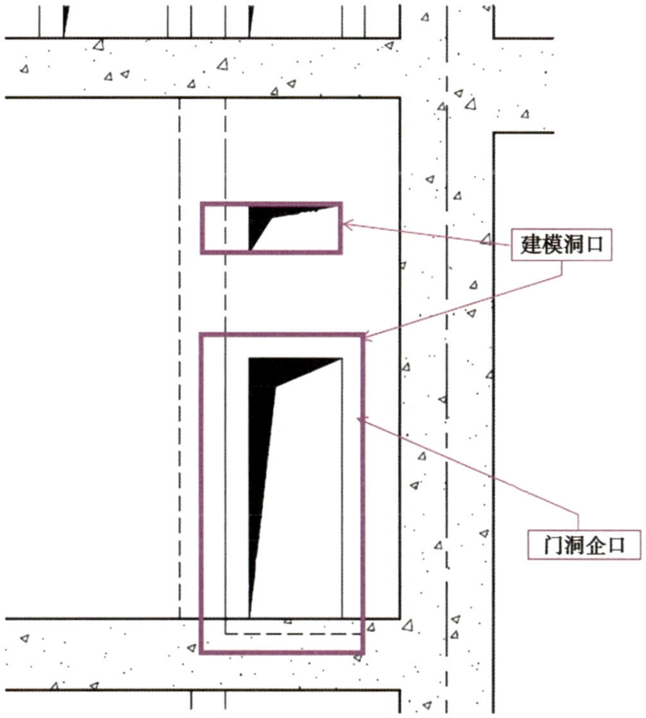

图 5-3 洞口建模简化示意图 1

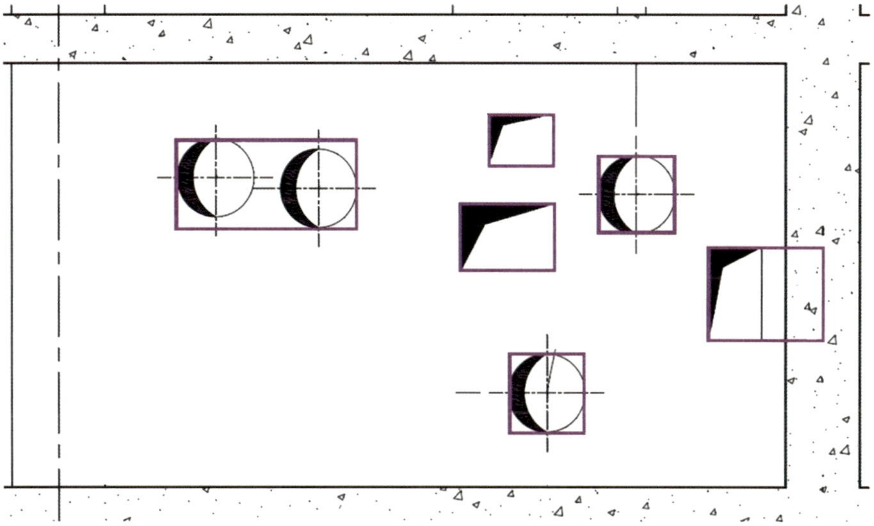

图 5-4 洞口建模简化示意图 2

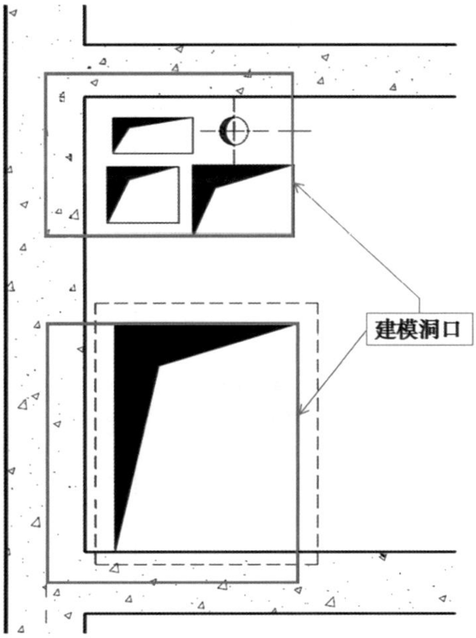

图 5-5　洞口建模简化示意图 3

5.2.2　常用单元类型

根据厂房的结构形式选取单元。核电厂厂房主要是墙、板结构，局部存在梁、柱结构。厂房模型中的主要单元是模拟墙、板的实体单元、壳单元和模拟梁、柱的梁单元，同时还会用到质量单元和表面效应单元来模拟设备的质量等。下面重点对这五种类型的单元进行介绍：

(1)实体单元

实体单元用于模拟三维实体结构，此类单元主要用于安全壳整体计算、复杂节点的局部详细分析以及特殊工况(如撞击)的非线性分析。实体单元每个节点均具有三个自由度，即 U_x、U_y、U_z三个平动自由度。

(2)梁单元

梁单元是一类轴向拉压、弯曲、扭转的单元，分为多种类型，分别具有不同的特性。该类单元由常用的二维/三维弹性梁单元、塑性梁单元、渐变不对称梁单元、三维薄壁梁单元及有限应变梁单元。

(3)壳单元

壳单元可以模拟平板和曲壳一类结构。壳单元比梁单元和实体单元要复杂得多，因此，壳类单元中各种单元的选项很多，如节点与自由度、材料、特性、退化、协调与非协调、完全积分与缩减积分、面内刚度选择、剪切变形、节点偏置等，应详细了解各种单元的使用要求，选择合适的单元。

(4)质量单元

质量单元为具有6个自由度的点单元，即只有一个节点。节点自由度可为U_x，U_y，U_z，Rot_x，Rot_y，Rot_z，通过不同设置可考虑二维或三维内的平动自由度及其组合，每个坐标方向可以具有不同的质量和转动惯量。该单元无面荷载和体荷载，支持弹性、大变形和单元生死。

(5)表面效应单元

结构表面效应单元可用于各种荷载(法向、切向、法向渐变、输入矢量方向等)及表面效应(基础刚度、表面张力及附加质量等)情况，可覆盖于常用二维和三维结构实体单元表面。

5.2.3　材料参数

需要对模型赋予相应的材料属性，包括材料的密度、弹性模量、线膨胀系数等。结构的质量是通过材料密度和构件几何尺寸得到的，需要说明的是结构的质量不仅包括构件本身质量，还包括部分按质量考虑的荷载。

(1)材料密度

材料的密度按照实际情况进行取值，值得注意的是，厂房内因为辐射屏蔽要求可能设置有部分重混凝土，其密度有别于一般混凝土。

对于有均布荷载作用的楼板，均布荷载可以通过增加单元的密度或采用附加质量的方式来考虑。增加单元的密度即把楼板本身重量和作用于楼板上的均布荷载折合成楼板的等效密度，附加质量单元采用质量点单元模拟。这样，在地震分析中荷载能够参与到地震分析中，如果均布荷载按照荷载来输入到结构，则无法参与到结构的地震分析中。

(2)弹性模量和泊松比

混凝土的弹性模量根据规范取用。

混凝土材料的泊松比一般取0.2。

(3)线膨胀系数

材料的线膨胀系数反映材料的温度特性，进行温度应力计算时必须输入材料的线膨胀系数。混凝土材料的线膨胀系数取值一般是1×10^{-5}/℃。

5.2.4　边界条件

核岛厂房结构计算需要考虑地基变形对结构的影响，设计中采用带有刚度和阻尼信息的弹簧系统模拟地基，耦合上部结构进行计算，考虑地基变形对结构的影响。

5.2.5　注意事项

(1)面单元方向统一

板壳单元有六个面，如图5-6所示。

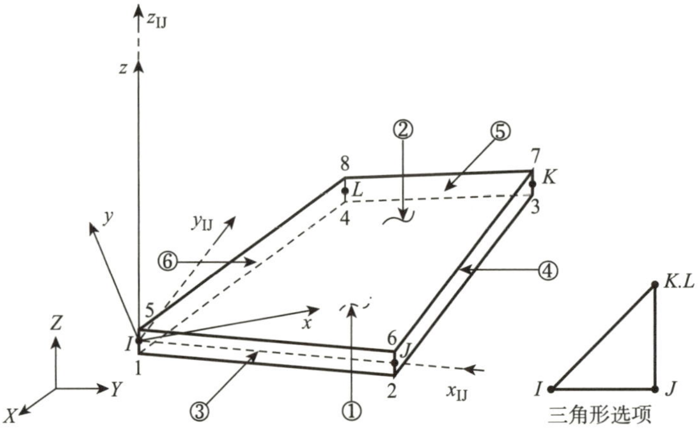

图 5-6　SHELL 单元几何图示

圆圈内数字表示面号，在建立几何模型过程中，面的方向是随机的，同一片墙，如果建模的时候根据需要分成了若干个面，这些面的方向应该保持统一，这样可以避免在加载及结果后处理、配筋的时候出现错误。

以内部结构为例，图 5-7 的面显示颜色与上下相邻两面颜色不同，这表示其方向跟上下两个面的方向不同，而这三块面显然属于同一片墙体，应该保持一致的面方向。因此建模后，分网格之前，需要根据实际要求调整统一面的方向。

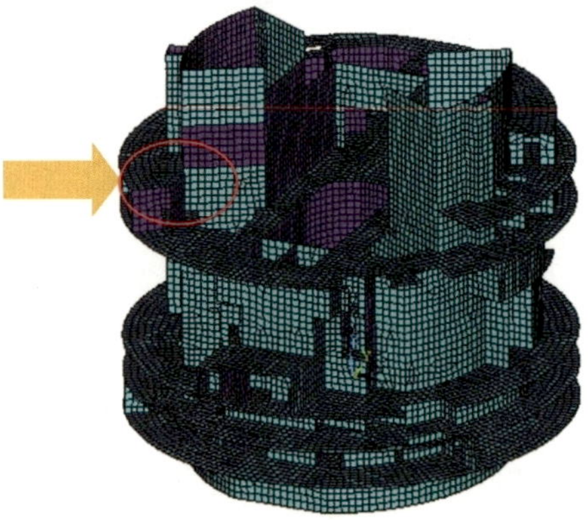

图 5-7　反应堆厂房内部结构面方向示意图

(2)单元坐标系方向统一

有限元结构分析软件包含多种坐标系统，包括整体坐标系、局部坐标系、节点坐标系、单元坐标系、结果坐标系、显示坐标系等等。整体和局部坐标系用于确定几何体的位置，节点坐标系可以用来实现特殊方向的约束和加载，单元坐标系用来规定正交材料特性方向，规定单元施加面力的方向，规定单元结果(应力、应变)的方向。值得注意的是，划分网格后，为了方便后续结果处理和配筋计算，需要统一单元坐标系方向。

(3)刚域的处理

核岛厂房一般采用筏板基础，厚度和刚度比较大，如公共筏基普通部位厚度2.2 m，反应堆厂房下厚度将近4.0 m，筏基上直接相连墙体厚度在0.6~0.8 m。采用壳单元中面建模，即筏基在其中面标高处用壳单元模拟，墙体在中面位置处用壳单元模拟。所以在底层筏基和墙体连接处，模型中的底层墙体会比实际高1.1~2.0 m不等，导致底层墙体在与筏基相连处不能准确模拟构件实际的受力情况，需要建立筏基与首层墙相连接处的刚域。另外，除筏基外，对于厚墙交接位置、厚墙与板之间的交接处，也需要考虑刚域的影响。

(4)不同软件、模型的转化

结构整体计算需要进行静力和动力分析，一般采用不同软件计算地震响应，两种软件之间接口要求不同。建模时单元类型、荷载施加方式的选择需要考虑不同软件之间的兼容性。

5.3 荷载施加方法

核安全相关厂房所考虑的荷载作用不同于一般工业与民用建筑，核电工程的重要性与特殊性也决定了其荷载作用及效应组合具有更高的安全度要求。

核安全相关混凝土结构设计考虑六类荷载作用，分别是正常荷载、异常荷载、严重环境荷载、极端环境荷载、内部飞射物和外部人为事件引起的荷载。

与厂址条件和工艺条件无关的永久荷载及可变荷载，一般按现行国家相关标准取标准值；其他荷载根据厂址条件、工艺要求或国家相关标准要求确定其荷载取值。

本小节就设备、施工、水池、温度等几类典型荷载的加载方法进行说明。

5.3.1 设备荷载

核电厂厂房内布置有大量设备，从厂房结构计算分析角度，有两个方面需考虑设备荷载作用。首先是结构构件自身的设计，如墙、板、设备基础的设计；其次是钢筋混凝土结构对设备的锚固。

设备设计与土建设计采用不同的规范体系，各自规范对荷载有不同的规定，RCC-M与ASME都是设备设计相关规范。和土建设计一样，设备设计也考虑诸多荷载如内压和外压、接管荷载、地震载荷、温度载荷等。图5-8展示了设备设计与土建设计的关系。

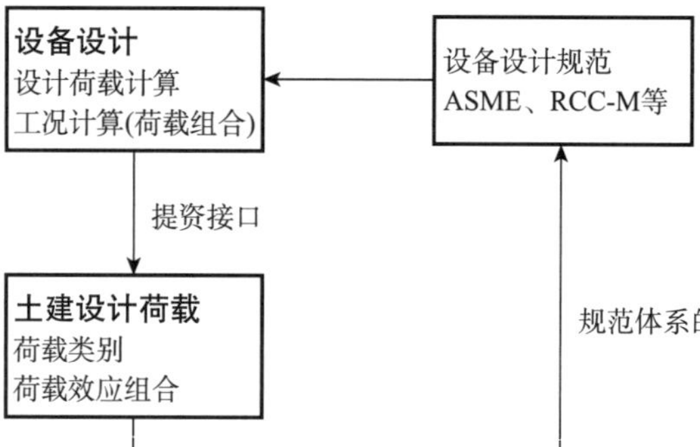

图5-8 设备设计与土建设计的关系

在厂房结构设计中，需要考虑以下四类主要设备荷载。

(1)设备自重(D)：指设备在满载工况下的自重。

(2)正常运行下设备反力(R_0)：指设备正常运行状况下，除设备自重外的载荷，如压力、接管反力、运行荷载、温度等对基础产生的作用力。

(3)事故工况下设备反力(R_a)：指设备在事故工况下，除设备自重外的载荷，如压力、接管反力、运行荷载、温度等对基础产生的作用力。

(4)极限安全地震作用下设备反力(E_2)：指设备在E_2地震工况下，对基础产生的作用力，考虑各向地震作用后的包络值，地震作用方向组合时系数取1.0。

不同设计阶段、不同计算分析目的，对设备荷载的使用也有差别。厂房初步设计阶段，其计算分析的主要目的是确定结构构件尺寸，通常在结构整体计算分析中只需要考虑设备自重的影响。进入详细设计阶段，确定楼板配筋时才需要考虑各工况下设备反力的影响。

5.3.2 施工荷载

(1)施工荷载的分类

施工工况的验算需要在详细设计阶段根据具体施工方案来考虑。施工荷载按如下两种情况考虑。

正常的施工荷载：如施工支架、施工作业、临时施工堆载等，此类施工荷载按活荷载考虑。施工活荷载需根据施工条件确定。一般情况下，楼板需承担新浇筑混凝土以及施工支撑和模板的重量。设计中还需考虑施工期间的临时堆载。无特殊要求时，施工活荷载可按4 kN/m^2考虑。

临时的、且比较大的施工阶段荷载：如吊装、试验(如龙门架的试验荷载)等荷载。

(2)施工荷载下的验算

结构承受正常的施工活荷载的状况属短暂状况，按短暂设计状况进行结构设计。根据《工程结构可靠性设计统一标准》(GB 50153—2008)第4.3.1条的规定，短暂设计状况应进行承载能力极限状态设计，并可根据需要进行正常使用极限状态设计。

根据《工程结构可靠性设计统一标准》(GB 50153—2008)第4.3.2条、《混凝土结构设计规范》(GB 50010—2010)第3.3.2条规定，承载能力极限状态设计时荷载效应组合采用基本组合。

综合考虑《工程结构可靠性设计统一标准》(GB 50153—2008)第4.3.3条与《混凝土结构设计规范》(GB 50010—2010)第3.4.2~3.4.4条规定，正常使用极限状态设计时荷载效应组合方式应根据不同验算内容与验收标准，采用标准组合并考虑长期作用的影响或准永久组合并考虑长期作用的影响，特别说明的是，根据《建筑结构荷载规范》(GB 50009—2012)第5.5.3条规定，施工荷载准永久值系数应取0。

结构承受临时的、确定的且比较大的施工阶段荷载的状况按偶然设计状况进行结构设计。根据《混凝土结构设计规范》(GB 50010—2010)第3.3.4条规定，对偶然作用下的结构进行承载力极限状态设计时，作用效应设计值按偶然组合(不乘分项系数)计算，且钢筋和混凝土的强度设计值应为强度标准值。

另外，地下室外墙需考虑由于厂区内设备运输荷载引起的附加土压力。根据厂区总平面布置图中确定的重件道路、普通道路布置情况，以及大件运输车辆参数、大件运输设备参数、普通道路荷载情况进行附加土压力计算。

5.3.3 水池荷载

厂房内有水池、集水坑等设施，其最高运行水位引起的水压力作为永久荷载考虑。水池中静水压力可按图 5-9 来考虑。静力分析中，静水压力分别施加于水池的侧壁和底板上。压力 $P=\rho\times g\times h$(kN/m^2)，ρ(1×10^3 kg/m^3)为水的密度，g(9.8 m/s^2)为重力加速度，h(m)为水深。

结构整体动力分析时，需考虑水池内水质量的动力效应。水池中的水按照集中质量施加到水池侧壁和底板上，规则形状水池水的质量施加方法如图 5-10 所示。对于不规则形状水池，其水的质量可参照图 5-10 所示方法按等效原则进行施加。

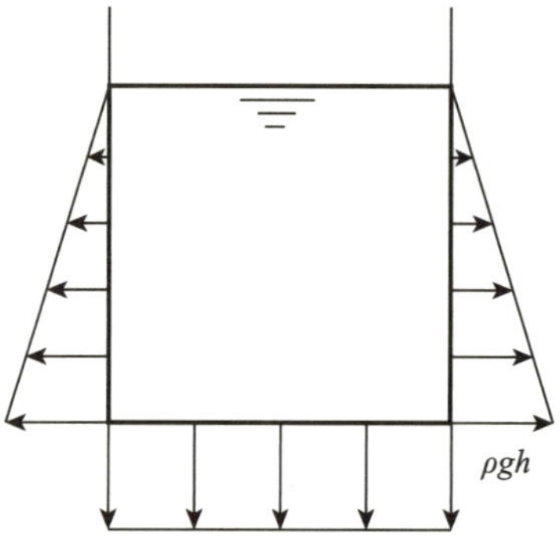

图 5-9　水池静水压力示意图

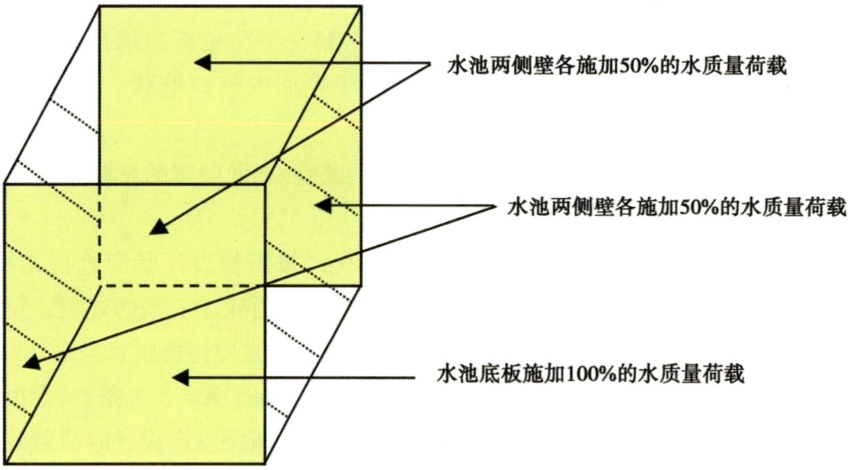

图 5-10　水池中水的质量荷载示意图

水池中的水在地震作用下会发生液面晃动并产生晃动力，从而会影响整个结构的运动响应。地震计算中需要考虑水池中水与结构的解耦条件，当水池体量较小，满足解耦条件时，可忽略流体对于结构的影响。当不满足解耦条件时，需要将水池和结构耦合考虑，此时可进行流固耦合分析，具体分析方法见 5.4.4。

5.3.4 温度作用

温度作用是核安全相关混凝土结构最重要的设计荷载作用之一。厂房受到环境温度、运行温度、事故温度的影响，尤其是外墙和屋面板、水池池壁、承受高温高压作用的屏蔽结构(隔室)等。按照国标《核电厂混凝土结构技术标准》(GB/T 51390—2019)的定义，正常荷载及异常荷载中均有温度作用。正常荷载中的温度作用是指正常运行或停堆期间的温度作用，包括外部气候温度及室内运行温度作用；异常荷载中的温度作用是指设计基准事故下的温度作用，其中包括一环路丧失冷却剂事故(LOCA)引起的温度作用。除此之外，核电站设计中温度作用还有严重事故即堆芯融化引起的温度作用，该作用属于超设计基准范畴。

混凝土在高温作用下的结构响应与龄期、水泥成分、温度值的高低、高温持续时间、混凝土结构受约束程度等因素有关。长期稳态的温度场作用下，混凝土结构通过开裂、屈服、松弛、徐变及其他与时间有关的变形释放一部分温度应力。混凝土结构在事故温度下，构件内温度应力呈瞬态非线性分布，内力状态及其变化极为复杂。温度效应的大小取决于温度瞬态的持续时间、作用位置及结构自身性能。

参考欧洲规范 BS EN 1992-1-1：2004 Design of concrete structures-Part1-1：General rules and rules for building 中第 2.3.1.2 及 2.3.2.2 的规定，温度作用及混凝土收缩徐变仅在正常使用极限状态下考虑，只有当其作用显著时才在承载力极限状态中考虑。设计中将不同情况下的温度作用加以区分，在荷载组合时采用不同的处理方式。正常运行或停堆期间的温度作用 T_0(包括外部气候温度及室内正常运行温度作用)仅在正常使用极限状态中考虑，在承载力极限状态不考虑；设计基准事故引起的温度作用 T_a(包含由 T_0引起)作用显著，应在承载力极限状态考虑。

(1)正常运行温度作用

正常运行或停堆期间厂房各房间温度由工艺条件确定。

室外极端气温由厂址气象条件确定。一般情况下，考虑到混凝土是热惰性材料，根据《建筑结构荷载规范》(GB 50009—2012)9.2.1 条，基本气温可取年重现期的月平均最高气温 T_{max}和月平均最低气温 T_{min}。

地基温度：按 10 ℃考虑；

建造温度：按 20 ℃考虑。

厂房内部的温度均可能在其变化范围内浮动，因此加载时需结合气候温度考虑其产生最不利的效应。

当混凝土墙或板长时间处于稳定温度环境中，即与周围介质(如水或空气)进行充分热交换后，其内部沿厚度方向温度场呈线性分布。对于正常运行或停堆期间温度作用，上述默认假设在进行热应力计算时是合理的。构件表面的实际温度，需按照热传导原理根据构件两侧空气温度值计算而得。当构件的表面与水或地基土接触时，构件表面温度直接取水或地基土温度。

(2)设计基准事故温度作用

高能管道破裂或 LOCA 事故发生时，房间内会产生瞬时的超压和持续的高温作用。破口产生的压力是一个瞬时的效应，其随着时间增长而不断减弱；而温度是一个持续的效应，其随着时间增长而不断积累，直至达到稳态平衡，因此二者的极值不在同一时刻出现。需根据高能管道产生破口房间的温度曲线开展温度场时程分析，得到结构构件的弯矩最大值，对其进行线性等效求得构件两侧的温度差。

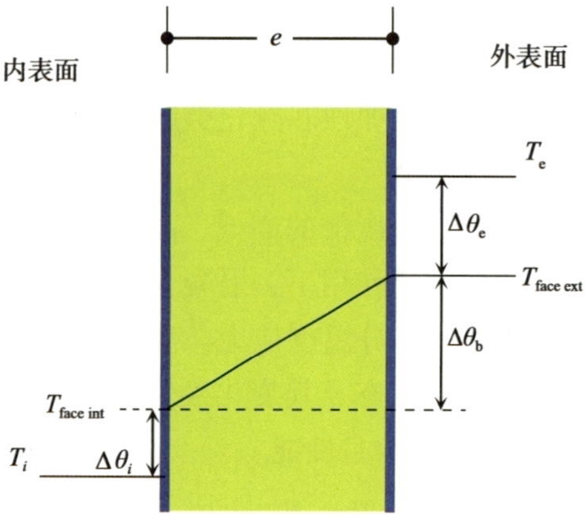

图 5-11　热交换示意图

温度和压力进行组合如下。

1)温度效应产生的最大等效弯矩，以及该时刻对应的压力；

2)压力最大值，以及该时刻对应的温度效应产生的等效弯矩。

(3)稳态温度场分析

稳态温度场作用下，混凝土构件内部沿厚度方向温度场呈线性分布。结构构件两侧为空气对流传热，热流体传热给冷流体的热交换如图 5-11 所示。

根据传热学原理，按照稳态传热过程进行计算，结构热传导计算如下。

$$\begin{cases} T_e - T_i = \Delta\theta_i + \Delta\theta_e + \Delta\theta_b \\ \dfrac{1}{k} = \dfrac{1}{h_i} + \dfrac{1}{h_e} + \dfrac{e}{\lambda} \end{cases} \tag{5-1}$$

因此，

$$\begin{cases} \Delta\theta_i = \dfrac{k}{h_i} \times (T_e - T_i) \geqslant 0 \\ \Delta\theta_e = \dfrac{K}{h_e} \times (T_e - T_i) \geqslant 0 \\ \Delta\theta_b = \dfrac{K \cdot e}{\lambda} \times (T_e - T_i) \geqslant 0 \end{cases} \tag{5-2}$$

其中：

T_i——内表面空气温度；

T_e——外表面空气温度；

e——壁厚；

$\Delta\theta_i$——内表面空气温度与结构面温差；

$\Delta\theta_e$——外表面空气温度与结构面温差；

$\Delta\theta_b$——结构内外表面温差；

h_i——内表面对流换热系数为 8 W/(m^2·℃)；

h_e——外表面对流换热系数为 16 W/(m^2·℃)；

λ——混凝土材料导热系数为 2.3 W/(m·℃)。

结构构件表面施加的温度作用值为：

$$T_{face.ext}=T_e-\Delta\theta_e=T_{face.int}+\Delta\theta_b$$

$$T_{face.int}=T_i+\Delta\theta_i=T_{face.ext}-\Delta\theta_b$$

(4)瞬态温度场分析

事故工况下，厂房内环境温度较高，且随时间不断变化。事故高温瞬态热分析结果显示，构件内沿厚度方向温度场呈瞬态非线性分布，构件内温度应力状态及变化极为复杂，如图 5-12 所示。此类事故工况下，若直接取环境温度曲线峰值进行稳态热分析，将构件表面温度计算值用于结构力学计算，计算假设与实际不完全相符，计算结果将过度保守，导致混凝土构件截面与配筋量过大，甚至无法合理配筋。

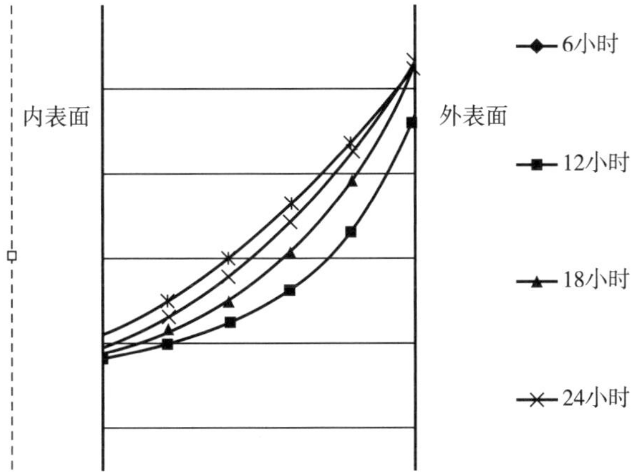

图 5-12　瞬态温度场示意

因此，对于事故温度作用，须考虑其瞬态、非线性特征，并通过效应等效方式将瞬态非线性温度场，转换为稳态线性温度场，再进行结构的加载计算。

5.4 特殊工况分析

5.4.1 撞击荷载分析

《核动力厂设计安全规定》(HAF 102—2016)中明确规定核电厂设计必须适当考虑内部危险，比如火灾、爆炸、水淹、飞射物和重物坠落、管道甩击、射流冲击等。其中，飞射物，汽车撞击，重物坠落，高能管道破裂引起的甩击作用，都属于撞击荷载。撞击荷载是实体质量碰撞且与时间有关的荷载。

钢筋混凝土结构在撞击荷载作用下主要考虑结构的整体响应和局部响应。整体响应指的是结构在荷载作用下构件内力分布(弯矩分布和位移结果)。局部响应指的是结构在荷载作用的局部破坏形式如贯入、碎甲、贯穿、锥体破坏。

5.4.1.1 整体效应分析方法

工程实践中整体效应的分析方法主要采用简化的集中质量模型能量守恒法。对于重要设备的屏障分析，采用动力学时程分析更准确地研究混凝土结构屏障承载力和破坏形式。

(1)能量守恒法

整体效应分析优先采用简化保守的方法，该简化方法基于结构动力学，将结构构件简化为集总参数模型进行计算，如图 5-13 所示。首先把真实的结构简化成单自由度体系结构，均布质量为 M_t，经过转换等效集中质量为 M_e。假设飞射物撞击靶体后，两者以相同的速度 V_{m1}一起运动，并且在此过程中能量没有损耗。

根据能量守恒定理得出：

$$M_m V_{m0} = M_m V_{m1} + M_t V_{t1} (V_{m1} = V_{t1}) \tag{5-3}$$

$$V_{m1} = V_{t1} = \frac{M_m}{M_m + M_t} V_{m0} \tag{5-4}$$

$$E_{final} = \frac{1}{2} (M_m + M_t) V_{m1}^2 \tag{5-5}$$

假设所有的能量都被靶体的变形吸收，靶体进入塑性状态，塑性角等于最终的靶体加飞射物能量与结构构件最大的极限承载力的比值。塑性角的计算公式如下：

$$\theta = \frac{E_{final}}{M_u} \tag{5-6}$$

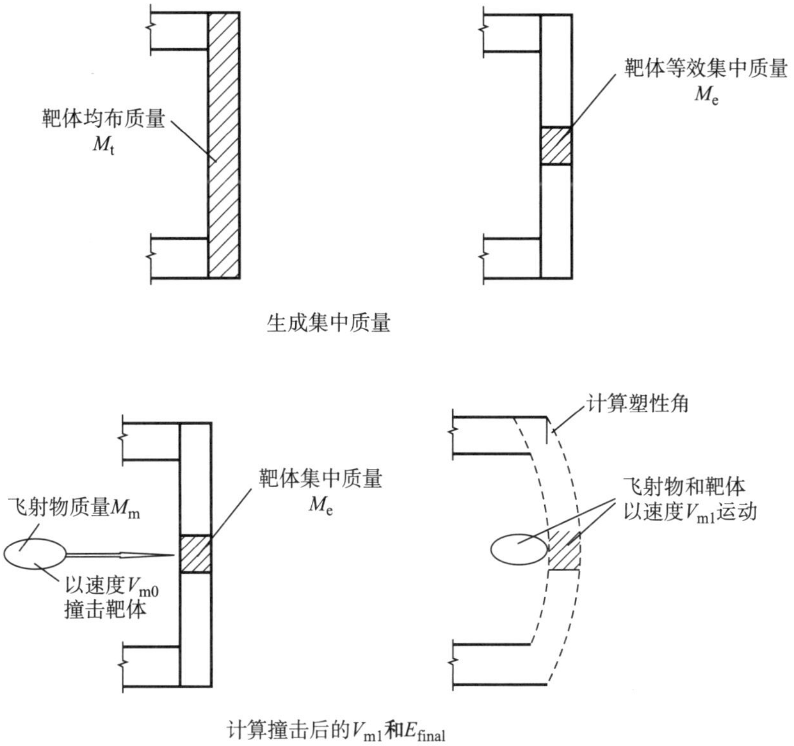

图 5-13　集总参数模型分析

(2)时程动力分析方法

能量守恒集总参数模型法是简化保守的工程分析方法。如遇到重要、复杂的撞击荷载工况如乏燃料罐外运跌落、压力容器顶盖跌落等，可采用更精细的时程动力学数值分析方法进行评估。下面以压力容器顶盖跌落分析为例，简单介绍时程动力分析的过程和方法。

1)有限元建模

采用实体单元建模，混凝土大部分区域采用六面体单元，复杂区域采用四面体单元过渡。实现全有限元模型的共节点连接，保证内力沿节点传递以及分析结果准确性。在跌落撞击部位对混凝土单元网格适当加密，并且考虑钢筋与混凝土的相互作用建立了钢筋单元，以充分模拟撞击过程的实际情况。钢筋单元采用梁单元模拟，建立墙板的水平钢筋和竖向钢筋。

2)计算分析

在计算分析时，为了提高计算效率，对于不同的撞击部位，选取一定的模型范围进行计算。离撞击部位较远的混凝土边界采用固结模拟，压力容器顶盖与撞击楼板和钢筋设置为碰撞接触。

图 5-14 为吊运过程中，压力容器顶盖跌落在操作平台的工况。

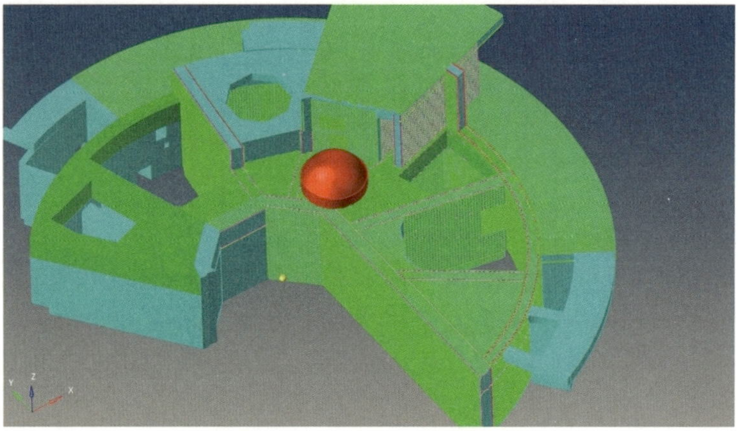

图 5-14　压力容器顶盖跌落分析

5.4.1.2　局部效应分析方法

钢筋混凝土结构在撞击荷载作用下可能产生局部损伤。局部损伤可在混凝土中形成裂纹，可导致混凝土破碎和剥落，钢筋弯曲断裂等，工程上常用的方法是采用通过试验总结出的经验公式进行评估。

内部飞射物引起的局部效应破坏形式主要包括贯入、剥落、锥体破坏、碎甲、贯穿，如图 5-15 所示。

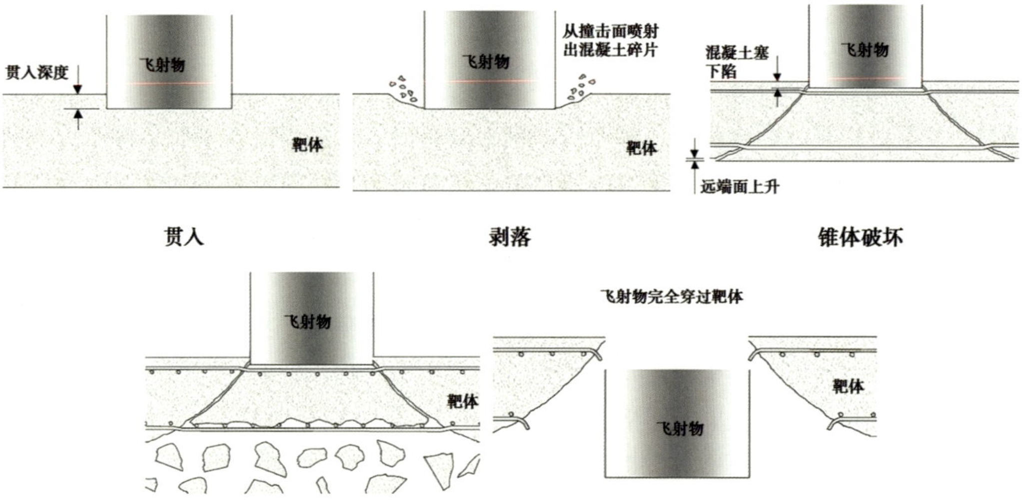

图 5-15　内部飞射物引起的局部效应

钢筋混凝土结构局部破坏评估的基本步骤如下。

(1)确定飞射物的直径、撞击速度和质量。

(2)确定混凝土厚度和钢筋面积。

(3)确定评估局部破坏效应的验收准则。

(4)确定形成选定破坏模式所需的临界飞射物能量。

(5)将飞射物能量与临界值作比较。

内部飞射物分为硬质飞射物、半硬质飞射物和软质飞射物。

(1)硬质飞射物是指与靶体的变形相比，撞击所产生的变形最小的飞射物。典型的例子是实心钢部件，例如汽轮机转子或涡轮盘碎片。在此情形下，冲击能的很小一部分被飞射物本身吸收。

(2)软质飞射物是指与飞射物上产生的变形相比，靶体上产生的变形较小的飞射物。典型的例子是薄壁箱体或管状金属结构，例如飞机机身。大多数冲击能被飞射物吸收，但由于飞射物存在动量，可能在靶体上造成严重的载荷，从而导致局部损坏。通常情况下，可将飞射物撞击坚硬表面形成的力-时间关系曲线用于计算靶体的响应。

(3)半硬质飞射物是指强度上介于软质飞射物和硬质飞射物之间，撞击时在靶体和飞射物上形成的变形相当的飞射物。典型的例子是泵壳或压力容器零件。从工程保守的角度考虑，可以采用硬质飞射物进行评估。

5.4.2 冲击荷载分析

冲击荷载是与实体质量碰撞无关但与时间有关的荷载。核安全相关混凝土结构设计中考虑的冲击荷载主要包括爆炸冲击波、高能管道破裂引起的高压、喷射作用等。

钢筋混凝土屏障结构在冲击荷载作用下主要考虑结构的整体响应，即结构在荷载作用下构件内力、位移分布。

结构受到冲击荷载的动态响应可以近似为拟静力的作用效应，此时引入动力荷载系数 DLF(Dynamic Load Factor)，此系数只与 t_d/T 有关，其中 t_d 为冲击荷载持续时间，T 为结构的自振周期。在已知冲击荷载持续时间 t_d 或荷载-时间曲线的情况下，首先将分析对象简化为等效单自由度系统，同时计算得到它的自振周期。通过比值 t_d/T 查找图表确定动力荷载系数 DLF，则施加在结构上的拟静力等于冲击荷载幅值与动力荷载系数 DLF 的乘积，此时冲击荷载对屏障结构影响的动力学问题转化为静力学问题。

5.4.3 超设计基准范畴分析

超设计基准范畴内，建构筑物的评估可采用以下三种方法进行评价：考虑模型或材料非线性的数值分析法、基于设计经验和规范折减系数的简化分析法、高置信度低失效概率评估法。考虑模型或材料非线性的数值分析法在超设计基准范畴的分析中应用广泛，如安全壳极限承载力分析、抗大型商用飞机撞击分析等。本节以安全壳极限承载力分析为例，通过在有限元结分析软件中建立安全壳三维有限元模型，在自重及预应力荷载下，施加内压荷载进行非线性有限元分析，展示分析过程和方法。

(1)非线性有限元模型

采用有限元结构分析软件强大的非线性功能进行求解，计算极限承载能力。建模过程中涉及网格尺寸、单元选择、边界条件等问题的处理。

网格尺寸的选择需要统筹兼顾计算精度和计算效率。除了考虑安全壳模型整体单元网格划分外，局部受力复杂区域网格还需适当加密。

混凝土主要采用三维实体单元进行模拟，钢衬里和贯穿件采用壳单元模拟，壳单元与混凝土内壁实体单元共节点，不考虑相对滑移。筒身的普通钢筋按实际配筋进行模拟。安全壳筒身布置了预应力钢束。

安全壳本身只是反应堆厂房的一部分，建模过程中必须考虑周围结构对安全壳的影响而对边界条件进行一定的简化处理。如基础较厚、刚度很大且配筋较多，其对上部安全壳具有刚性约束作用，可考虑采用约束模型底部所有运动自由度来模拟底板对安全壳的约束作用。

(2)材料本构关系

混凝土单轴受压、受拉应力-应变曲线方程按照《混凝土结构设计规范》(GB 50010—2010)中的公式确定。计算时简化为多段线进行模拟。为保证单轴受拉与受压的初始弹性模量相同，对相应的单轴受拉应力-应变曲线进行近似处理。安全壳混凝土结构内的普通钢筋、钢衬里在计算模型中其本构关系均采用双折线型理想弹塑性模型。预应力钢束作为弹塑性材料来考虑。

(3)荷载施加

为了简化分析，可以分为两个分析步进行。

第一步施加自重和预应力。自重可通过赋予材料密度方式实现加载。在有限元分析中常采用等效荷载法或实体立筋法施加预应力。

第二步在钢衬里内表面施加逐渐增大的内压荷载。

(4)破坏准则

关于安全壳极限承载力所对应的临界状态，或者说安全壳的破坏准则，目前并无公论。对于安全壳的结构性失效，美国桑迪亚实验室从结构强度和稳定的角度定义安全壳的临界状态，只需根据材料的响应值与材料的强度、变形能力进行对比即可进行判断。建议采用美国核管会 RG1. 216 导则给出的预应力混凝土安全壳破坏准则。

根据上述安全壳破坏准则，可以得到安全壳对应的钢衬里发生破坏准则、普通钢筋破坏准则、预应力筋破坏准则对应的内压承载力，并最终确定安全壳的极限承载力。

5.4.4 水池流固耦合分析

核电厂设置有很多容纳冷却水、消防水等大量水体的设施，这些设施中的流体在设计基准地震作用下会发生液面晃动，往往这些水的体量又相对较大，会引起整个抗震系统的质量和刚度重分布，因此在设计时需要考虑构这种晃动效应对于整个抗震系统响应的影响。

流体的晃动问题是典型的非线性问题，加上流体的黏滞效应影响，一向是抗震力学分析中难度很大的问题，多年来国内外许多学者用各种理论和方法对该问题进行了广泛的研究。

在核电厂抗震分析中，主要是采用两种方法来进行评估，一种是经典的等效简化质量方式来模拟流体晃动效应，另一种就是采用计算流体力学(CFD)等数值分析方法来进行模拟。

(1)简化方法

经典的简化等效方式是采用了1957年Housner提出的一个基于刚性罐壁假设的流体晃动模型。基本原理是将液体晃动效应简化成对罐壁产生的作用，分为脉冲分量(Impulsive Pressures)和晃动分量(Convective Pressures)两部分，分别计算出这两部分的等效质量和等效作用高度，然后将弹簧或刚性连接分别将这两种等效质量连接到池壁上，另外可以计算出一阶晃动频率和最大晃动位移的解析解。这样简化的等效系统就可以和厂房结构耦合在一起进行动力学分析了。

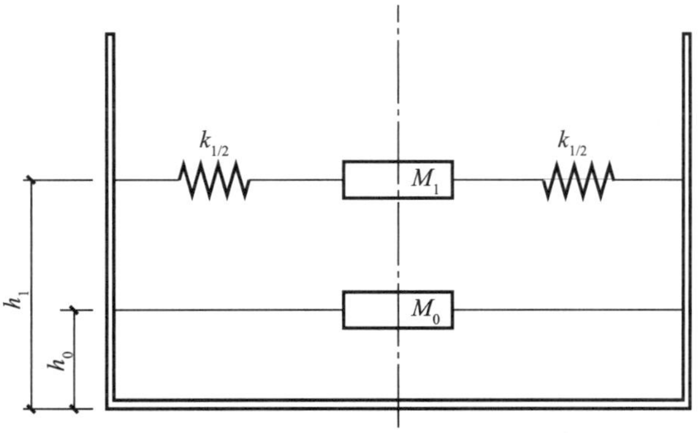

图5-16　Housner模型示意图

后续相关的等效理论的改进也均在此基础上得以发展，在ASCE4-16规范中也给出了当池壁不是刚体的情况，则不能简单地采用上述方式，把两种模态的力作用在一个高度上，而是需要进行一些修正，均匀分布在一段高度上，见图5-17。

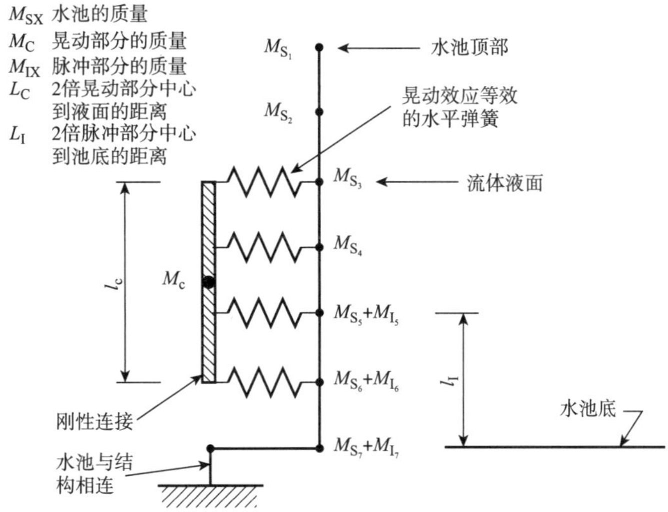

图5-17　池壁不是刚体情况下的示意图

(2)数值分析方法

随着数值分析算法和计算工具的进步，流固耦合问题可以借助大型的计算流体力学(CFD)来进行计算，常用的数值分析算法有 ALE 和 SPH。

ALE 表示任意拉格朗日-欧拉方法，最初出现于数值模拟流体动力学问题的有限差分方法中。这种方法兼具拉格朗日方法和欧拉方法二者的特长，即首先在结构边界运动的处理上它引进了拉格朗日方法的特点，因此能够有效地跟踪物质结构边界的运动；其次在内部网格的划分上，它吸收了欧拉方法的长处，即是使内部网格单元独立于物质实体而存在，但它又不完全和欧拉网格相同，网格可以根据定义的参数在求解过程中适当调整位置，使得网格不致出现严重的畸变。这种方法在分析大变形问题时是非常有利的。使用这种方法时网格与网格之间物质可以流动。图 5-18 表示采用 ALE 算法进行的某电厂非能动冷却水箱的晃动效应，可以全程观察液面的晃动情况，以及相应的动力响应影响。

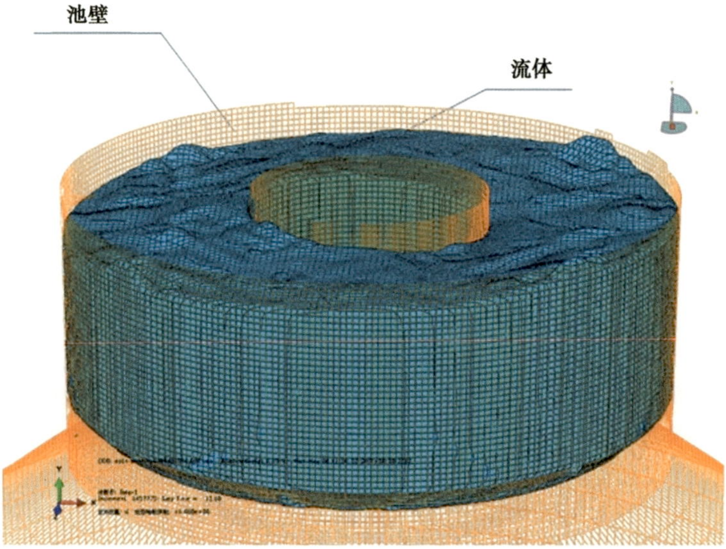

图 5-18　采用 ALE 算法来分析的液体晃动效应图

SPH(Smoothed Particle Hydrodynamics)，即光滑质点流体动力学方法，表示无网格光滑粒子法，近年来成为国际计算力学领域的研究热点之一。光滑质点流体动力学方法的无网格、拉格朗日性质能够理想地处理流固耦合问题产生的大变形、多介质等问题。目前 SPH 方法已集成于 AUTODYN、LS-DYNA、ABAQUS 等商业软件中，在流固耦合问题分析中得到广泛应用，也基本得到工程界的认可。FEM-SPH 耦合方法是在大变形区域采用 SPH 粒子，在小变形区采用 FEM 网格，充分利用 FEM 的计算效率与准确施加本质边界条件优势，以及 SPH 方法能更准确模拟大变形问题而没有网格畸变问题的优势。图 5-19 表示采用 SPH 算法进行的某水箱的晃动效应，同样可以全程观察液面的晃动情况，以及相应的动力响应影响。

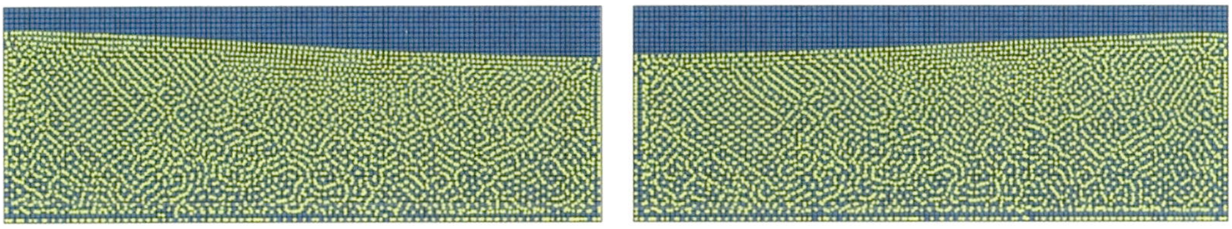

图 5-19　采用 SPH 算法来分析的液体晃动效应图

参考文献

[1] GB 50010—2010 混凝土结构设计规范.
[2] GB 50153—2008 工程结构可靠性设计统一标准.
[3] GB 50009—2012 建筑结构荷载规范.
[4] GB/T 51390—2019 核电厂混凝土结构技术标准.
[5] BS EN 1992-1-1: 2004 Design of concrete structures - Part1-1: General rules and rules for building.
[6] HAF 102—2016 核动力厂设计安全规定.
[7] EPRI NP-6041-SL A Methodology for Assessment of Nuclear Power Plant Seismic Margin.

第六章

结构极限状态设计

6.1 概述

核电厂混凝土结构设计在设计基准事故下须进行承载能力极限状态设计和正常使用极限状态设计。承载能力极限状态设计包括弯矩和轴力组合下的正截面承载力设计、平面内受剪、平面外受剪、扭转、冲切、局部承压和施工缝区域的剪摩擦设计，正常使用极限状态设计包括裂缝宽度验算和挠度验算。其中，平面外受剪、扭转、冲切、局部承压的计算、裂缝宽度计算、挠度计算中的刚度计算公式与《混凝土结构设计规范》(GB 50010—2010)基本相同，不再赘述。本章节主要介绍承载能力极限状态设计中的轴心受压计算系数调整、平面内受剪设计、剪摩擦验算以及正常使用极限状态中非荷载裂缝宽度的计算和基于有限元单元的配筋方法。

6.2 承载能力极限状态设计

6.2.1 正截面承载力设计

正截面承载力是指截面在弯矩和轴力组合作用下的承载力。根据弯矩和轴力组合的不同可分为：当无轴力或轴力可以忽略不计时，视为受弯构件；当无弯矩作用时，可视为轴心受力构件(轴心受压或轴心受拉构件)；既有弯矩作用又有轴力作用是称为偏心受力构件(偏心受压或偏心受拉)。《核电厂混凝土结构技术标准》正截面承载力计算时的基本假定与《混凝土结构设计规范》(GB 50010—2010)相同。

(1)截面应变保持平面

构件开裂前后，截面上各点的应变按线性规律变化，与到中性轴的距离成正比(图 6-1)。

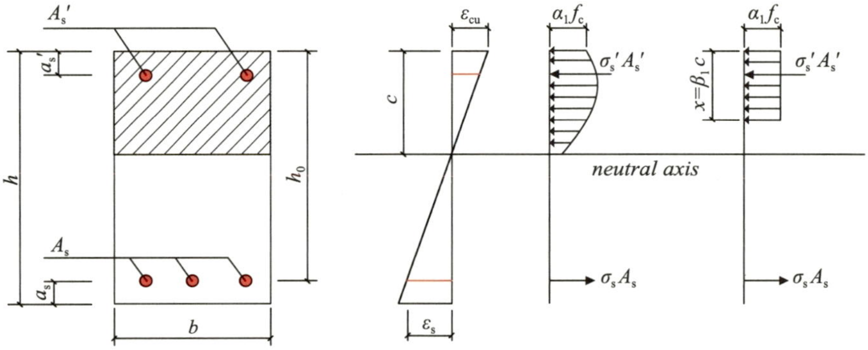

图 6-1 正截面设计截面应变分布及等效矩形应力分布

(2)不考虑混凝土的抗拉强度

混凝土开裂前，受拉截面的拉力完全由混凝土承担；开裂后，拉力主要由受拉钢筋承担，忽略受拉混凝土的作用。

(3)混凝土受压应力-应变关系

采用《混凝土结构设计规范》(GB 50010—2010)中的混凝土受压应力-应变关系。

(4)钢筋应力

采用《混凝土结构设计规范》(GB 50010—2010)中的钢筋应力-应变关系。

《核电厂混凝土结构技术标准》正截面承载能力的计算公式，除轴心受压外均直接采用《混凝土结构设计规范》(GB 50010—2010)中的计算公式。轴心受压承载力计算公式对标美国 ACI318-11 规范，将《混凝土结构设计规范》(GB 50010—2010)的轴心受压计算公式中的系数 0.9 调整为 0.8。

6.2.2 平面内受剪

我国现行《混凝土结构设计规范》(GB 50010—2010)与行业标准《核电厂安全壳设计规范》(NB/T 20303—2014)、《核安全相关混凝土结构规范》(NB/T 20012—2010)对平面内受剪计算的规定不同。核电厂钢筋混凝土墙在地震作用和内部压力等荷载的共同作用下，承受两个方向的薄膜拉力和水平剪力，其平面内的应力状态非常复杂。且核安全相关厂房的钢筋混凝土墙体多为长厚墙体，洞口多而不规则。行业标准从局部角度对核电厂钢筋混凝土墙体的平面内受剪进行规定，符合核电厂钢筋混凝土墙体的受力特点，满足核电厂混凝土结构的安全性和可靠性要求。部分认为，按《核安全相关混凝土结构规范》(NB/T 20012—2010)进行平面内抗剪时，没有考虑混凝土的抗剪作用，从而造成配筋过多。本章节采用塑性极限理论分析了平面内受剪计算公式的合理性。

(1)塑性极限理论简介

结构或结构构件从开始加载到完全破坏要经历线弹性阶段和塑性阶段，一般情况下可根据材料的实际本构关系采用有限元或其他数值方法进行分析，但往往只能得到数值解，从设计规范的角度考虑不便于应用。钢筋混凝土的塑性极限理论通过对材料本构关系的简化和某些条件的优化，使问题的分析变得简单。

塑性极限分析一般将结构材料视为刚性-完全塑性材料。按刚性-完全塑性材料进行结构分析，只考虑结构的塑性变形，忽略了弹性变形，从而使分析得到简化，便于得到解析解。图 6-2 为钢筋和混凝土弹性-完全塑性和刚性-完全塑性的应力-应变关系。对于普通钢筋，弹性段很短，当变形很大时，可以忽略弹性段而采用刚性-完全塑性应力-应变关系。对于混凝土，按刚性-完全塑性理论进行分析时，常将其实际应力-应变关系等效为图 6-2 所示的刚性-完全塑性应力-应变关系，其中混凝土考虑双轴拉-压组合应力场时强度的显著降低，取 $\nu_c f_c$。根据欧洲规范 EN 1992-2-1 中钢筋混凝土梁受剪承载力计算的规定，当混凝土抗压强度标准值小于 60 N/mm^{2}时，取 0.6。

按照经典的固体力学理论，结构静力分析需要满足 3 个条件，即平衡条件、几何条件(变形协调)和物理条件(应力-应变关系)。在塑性极限分析中，可用机动条件(内外功相等)代替平衡条件，用屈服条件或强度条件(采用刚性-完全塑性理论时应力-应变关系只与材料强度有关，与应变无关，见图 6-2)作为物理条件，塑性极限分析中对 3 个条件不同程度的满足，构成了塑性极限分析的 3 个定理，即上限定理、下限定理和唯一性定理，3 个定理的关系如图 6-3 所示，由 3 个定理求得的解分别为上限解、下限解和精确解。下限解是以下限定理为基础，小于或等于精确解，即结构满足平衡条件和强度条件的荷载，为尽可能接近精确解需求其最大值；上限解是以上限定理为基础，大于或等于精确解，即结构满足机动条件、几何条件和屈服条件的荷载，为尽可能接近精确解需求其最小值。如果求得的下限解与上限解相等，则求得的解为精确解。

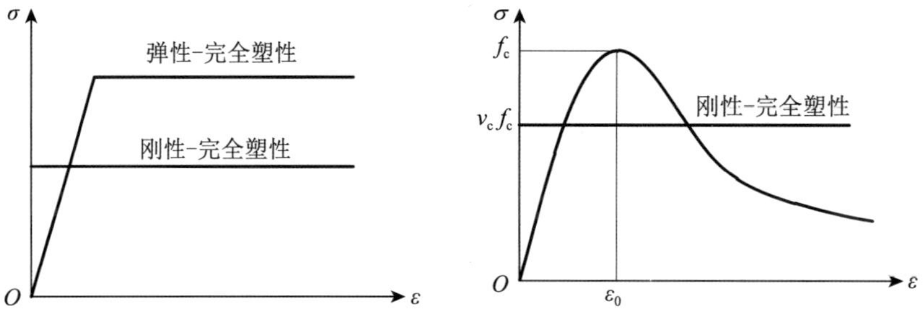

(a)钢筋　　　　(b)混凝土

图 6-2　钢筋和混凝土的应力-应变关系

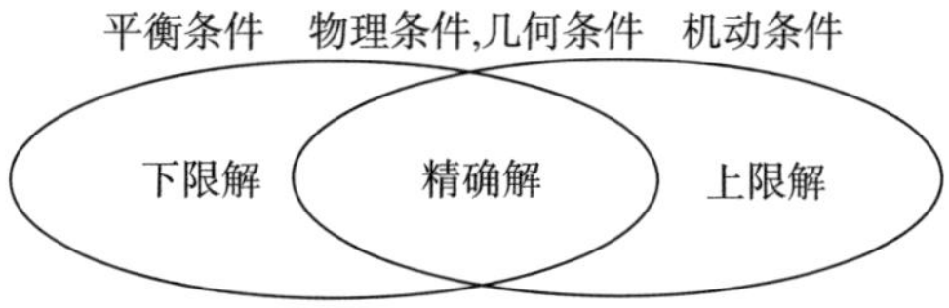

图 6-3　塑性极限分析 3 定理关系示意图

(2)下限解

如(1)所述，下限解需满足平衡条件和强度条件

1)平衡条件

图 6-4 为一受水平力和竖向力作用的钢筋混凝土墙，x，z 方向的配筋率分别为 ρ_x，ρ_z。在板中取一个 1 m×1 m 的单元，则单元 x，z 方向分别作用了正应力(或薄膜应力)σ_x，σ_z及剪应力 ν(因 σ_{xz}，σ_{zx}相等而省略下标)。假定混凝土单元内的钢筋与混凝土完全保持黏结，混凝土承担的 x，z 方向的正应力分别为 σ_{cx}，σ_{cz}，钢筋只承担其所在方向的应力 σ_{sx}，σ_{sz}。将钢筋承担的应力在其分布方向连续化，则 x，z 方向钢筋的分布应力分别为 $\rho_x\sigma_{sx}$，$\rho_z\sigma_{sz}$。混凝土单元的应力可表示为

$$\sigma_x = \sigma_{cx} + \rho_x\sigma_{sx} \tag{6-1}$$

$$\sigma_z = \sigma_{cz} + \rho_z\sigma_{sz} \tag{6-2}$$

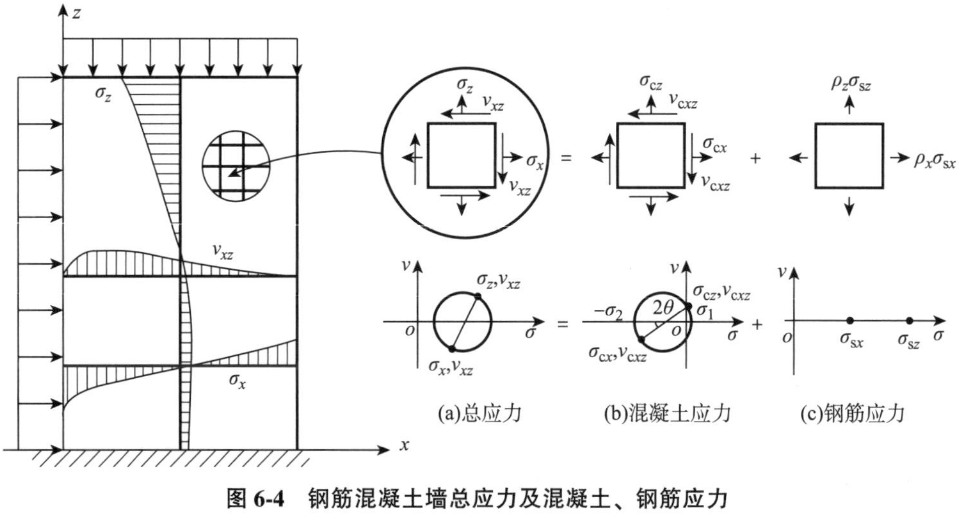

图 6-4　钢筋混凝土墙总应力及混凝土、钢筋应力

在薄膜应力 σ_{cx}，σ_{cz} 和剪应力 v 的作用下，钢筋混凝土单元的主拉应力为 σ_1、主压应力为 σ_2(为便于表达，用正号表示)，主压应力(或裂缝)与 x 轴的夹角为 θ，根据图 6-4 的摩尔圆和图 6-5 可知，σ_{cx}，σ_{cz}，v 与 σ_1，σ_2 之间的关系如下：

$$\sigma_{cx}=\frac{\sigma_1-\sigma_2}{2}-\frac{\sigma_1+\sigma_2}{2}\cos(2\theta) \tag{6-3}$$

$$\sigma_{cz}=\frac{\sigma_1-\sigma_2}{2}+\frac{\sigma_1+\sigma_2}{2}\cos(2\theta) \tag{6-4}$$

$$v=\frac{\sigma_1+\sigma_2}{2}\sin(2\theta) \tag{6-5}$$

将式(6-3)，式(6-4)分别代入式(6-1)，式(6-2)得

$$\sigma_x=\frac{\sigma_1-\sigma_2}{2}-\frac{\sigma_1+\sigma_2}{2}\cos(2\theta)+\rho_x\sigma_{sx} \tag{6-6}$$

$$\sigma_z=\frac{\sigma_1-\sigma_2}{2}+\frac{\sigma_1+\sigma_2}{2}\cos(2\theta)+\rho_z\sigma_{sz} \tag{6-7}$$

由于 $\cos(2\theta)=2\cos^2\theta-1$，$\cos(2\theta)=1-2\sin^2\theta$，则式(6-6)，式(6-7)可表示为

$$\sigma_x=\sigma_1-(\sigma_1+\sigma_2)\cos^2\theta+\rho_x\sigma_{sx} \tag{6-8}$$

$$\sigma_z=\sigma_1-(\sigma_1+\sigma_2)\sin^2\theta+\rho_z\sigma_{sz} \tag{6-9}$$

式(6-5)可表示为：

$$v=(\sigma_1+\sigma_2)\sin\theta\cos\theta \tag{6-10}$$

将式(6-10)代入式(6-8)，式(6-9)得

$$\sigma_x=\sigma_1-v\cot\theta+\rho_x\sigma_{sx} \tag{6-11}$$

$$\sigma_z=\sigma_1-v\tan\theta+\rho_z\sigma_{sz} \tag{6-12}$$

同时式(6-10)可进一步表示为

$$v=\frac{\sigma_1+\sigma_2}{\cot\theta+\tan\theta} \tag{6-13}$$

式(6-11)~式(6-13)即为采用的钢筋混凝土单元的平衡方程。

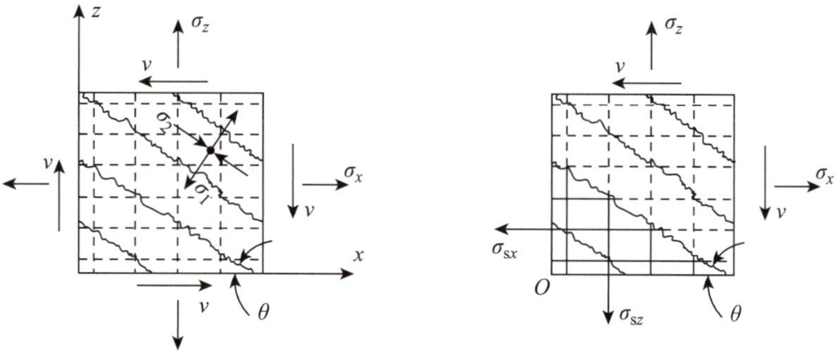

(a)混凝土主拉应力和主压应力　　(b)钢筋拉应力

图 6-5　墙内 1 m×1 m 单元混凝土和钢筋的应力

2)强度条件

$$\sigma_2 \leqslant \nu_0 f_c \tag{6-14}$$

对于单元 x，z 方向的钢筋应力，应满足下列条件：

$$0 \leqslant \rho_x \sigma_{sx} \leqslant \rho_x f_{yx},\ 0 \leqslant \rho_z \sigma_{sz} \leqslant \rho_z f_{yz} \tag{6-15}$$

式中 f_{yx}，f_{yz} 分别为钢筋 x，z 方向的屈服强度。

3)最大受剪承载力

假定钢筋混凝土单元 x，z 方向的薄膜应力 σ_x，σ_z 和钢筋的配筋率 ρ_x，ρ_z 已知，下面确定单元可承受的平面内剪应力 v。

由于混凝土的抗拉强度很小，设计中一般忽略混凝土的抗拉作用，即 $\sigma_1=0$，则式(6-11)~式(6-13)可简化为

$$\rho_x \sigma_{sx} - \sigma_x = v\cot\theta \tag{6-16}$$

$$\rho_z \sigma_{sz} - \sigma_z = v\tan\theta \tag{6-17}$$

$$v = \frac{\sigma_2}{\tan\theta + \cot\theta} \tag{6-18}$$

如果再假定混凝土的抗压强度为 0，则 $\sigma_2=0$，由式(6-16)~式(6-18)得 $v=0$，$\sigma_x=\rho_x\sigma_{sx}$，$\sigma_z=\rho_z\sigma_{sz}$，即此时混凝土单元不能承担剪应力，而 x，z 方向的钢筋也只承担各自方向的薄膜应力。如图 6-5 所示，这是因为虽然混凝土开裂后丧失了承担拉应力的能力，但混凝土开裂形成的压杆还能通过受压向 x，z 方向的钢筋传递剪应力；如果混凝土丧失了承担压应力的能力，则 x，z 方向的钢筋失去了联系，不能再承担额外的剪应力。

式(6-16)，式(6-17)相乘得

$$v = \sqrt{(\rho_x \sigma_{sx} - \sigma_x)(\rho_z \sigma_{sz} - \sigma_z)} \tag{6-19}$$

式(6-16)，式(6-17)相加后代入式(6-18)得

$$(\rho_x \sigma_{sx} - \sigma_x) + (\rho_z \sigma_{sz} - \sigma_z) = \sigma_2 \tag{6-20}$$

根据式(6-14)，(6-15)和式(6-20)，$\rho_x\sigma_{sx}-\sigma_x$ 和 $\rho_z\sigma_{sz}-\sigma_z$ 应满足：

$$(\rho_x \sigma_{sx} - \sigma_x) + (\rho_z \sigma_{sz} - \sigma_z) \leqslant \nu_0 f_c \tag{6-21}$$

$$0 \leqslant \rho_x \sigma_{sx} - \sigma_x \leqslant \rho_x f_{yx} - \sigma_x \tag{6-22}$$

$$0 \leqslant \rho_z \sigma_{sz} - \sigma_z \leqslant \rho_z f_{yz} - \sigma_z \tag{6-23}$$

作为钢筋混凝土单元可承受的剪应力的下限解，为尽可能接近精确解，剪应力应取最大值。所以求单元可承受的剪应力问题实际为以 $\rho_x\sigma_{sx}-\sigma_x$ 和 $\rho_z\sigma_{sz}-\sigma_z$ 为优化变量、以式(6-19)为目标函数、以式(6-21)~式(6-23)为约束条件的优化(最大)问题。如图 6-6 所示，如果以 $\rho_x\sigma_{sx}-\sigma_x$ 为横坐标、$\rho_z\sigma_{sz}-\sigma_z$ 为纵坐标建立直角坐标系，则式(6-19)为以 v 为等值线的曲线族，曲线沿 45°斜线向右上方移动，剪应力 v 增大。式(6-21)~式(6-23)构成一个三角形、梯形或矩形区域，为点($\rho_x\sigma_{sx}-\sigma_x$，$\rho_z\sigma_{sz}-\sigma_z$)的可行域，$v$ 的等值线上至少有一个点在可行域内(包括可行域边界)时求得的 v 才是有效的。在上述约束条件下，使剪应力 v 取最大值的点为最优点。图 6-6(b)~(d)示意了不同约束条件起控制作用时剪应力 v 的等值线和其解的可行域(灰色区域)。

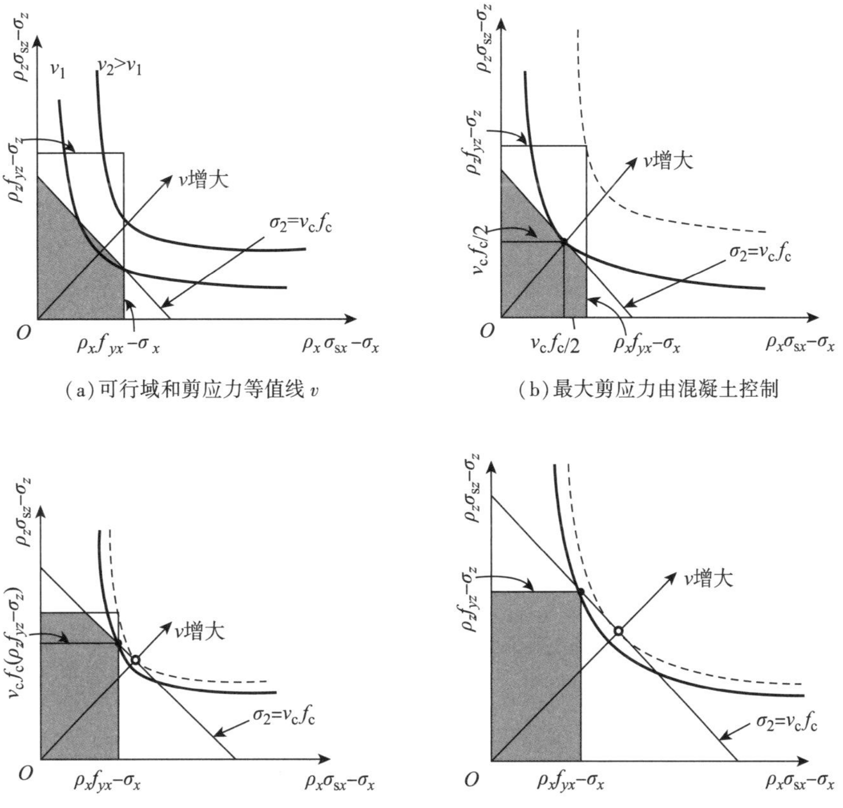

(a)可行域和剪应力等值线 v

(b)最大剪应力由混凝土控制

(c)最大剪应力由一个方向钢筋和混凝土共同控制

(d)最大剪应力由两个方向钢筋共同控制

图 6-6　钢筋混凝土单元可承受的最大剪应力的几种情况

①最大剪应力由混凝土控制的情况

图6-6(b)所示为由混凝土控制的情况，即 $0\leq\rho_x\sigma_{sx}-\sigma_x<\rho_x f_{yx}-\sigma_x$，$0\leq\rho_z\sigma_{sz}-\sigma_z<\rho_z f_{yz}-\sigma_z$，$(\rho_x\sigma_{sx}-\sigma_x)+(\rho_z\sigma_{sz}-\sigma_z)=\nu_c f_c$。对于这种情况，$x$，$z$ 方向的钢筋均未屈服，剪应力 v 的最大值由 $(\rho_x\sigma_{sx}-\sigma_x)+(\rho_z\sigma_{sz}-\sigma_z)=\nu_c f_c$ 决定，即剪应力等值线 v 与直线 $\sigma_2=\nu_c f_c$ 相切时 v 最大，由此得到：

$$\rho_x\sigma_{sx}-\sigma_x=\rho_z\sigma_{sz}-\sigma_z=\frac{\nu_c f_c}{2} \tag{6-24}$$

将式(6-24)代入式(6-19)得最大剪应力：

$$v=\frac{\nu_c f_c}{2}=\frac{0.6f_c}{2}=0.3f_c \tag{6-25}$$

《核电厂安全壳设计规范》(NB/T 20303—2014)、《核安全相关混凝土结构规范》(NB/T 20012—2010)最大剪应力取 $0.25f_c$，美国规范 ACI 359—13 最大剪应力取 $0.2f'_c$。

②最大剪应力由一个方向钢筋和混凝土共同控制的情况

x 方向钢筋屈服，z 方向钢筋未屈服，混凝土达到最大压应力 $\nu_c f_c$(虽然 $(\rho_x\sigma_{sx}-\sigma_x)+$

$(\rho_z\sigma_{sz}-\sigma_z)=\nu_0 f_c$ 与式(6-19)存在切点，但切点不在可行域内)。对于这种情况，剪应力 v 的最大值由$(\rho_x\sigma_{sx}-\sigma_x)+(\rho_z\sigma_{sz}-\sigma_z)=\nu_0 f_c$ 和 $0\leqslant\rho_x\sigma_{sx}-\sigma_x=\rho_x f_{yx}-\sigma_x$ 共同决定。由此得到：

$$\rho_z\sigma_{sz}-\sigma_z=\nu_0 f_c-(\rho_x f_{yx}-\sigma_x)\leqslant\rho_z f_{yz}-\sigma_z \tag{6-26}$$

将式(6-26)代入式(6-19)得最大剪应力：

$$v=\sqrt{(\rho_x f_{yx}-\sigma_x)[\nu_0 f_c-(\rho_x f_{yx}-\sigma_x)]}\leqslant\sqrt{(\rho_x f_{yx}-\sigma_x)(\rho_z f_{yz}-\sigma_z)} \tag{6-27}$$

同样，对于最优点在可行域左边界的情况，$0\leqslant\rho_x\sigma_{sx}-\sigma_x<\rho_x f_{yx}-\sigma_x$，$0\leqslant\rho_z\sigma_{sz}-\sigma_z=\rho_z f_{yz}-\sigma_z$，$(\rho_x\sigma_{sx}-\sigma_x)+(\rho_z\sigma_{sz}-\sigma_z)=\nu_0 f_c$，即 x 方向钢筋未屈服，z 方向钢筋屈服，混凝土达到最大压应力 $\nu_0 f_c$，最大剪应力为

$$v=\sqrt{[\nu_0 f_c-(\rho_z f_{yz}-\sigma_z)](\rho_z f_{yz}-\sigma_z)}\leqslant\sqrt{(\rho_x f_{yx}-\sigma_x)(\rho_z f_{yz}-\sigma_z)} \tag{6-28}$$

③最大剪应力由两个方向钢筋共同控制的情况

图 6-6(d)为最优点在可行域顶点的情况，此时 $0\leqslant\rho_x\sigma_{sx}-\sigma_x=\rho_x f_{yx}-\sigma_x$，$0\leqslant\rho_z\sigma_{sz}-f_z=\rho_z f_{yz}-\sigma_z$，即 x，z 方向钢筋均屈服(同样虽然$(\rho_x\sigma_{sx}-\sigma_x)+(\rho_z\sigma_{sz}-\sigma_z)=\nu_0 f_c$ 与式(6-19)存在切点但切点不在可行域内)。

式(6-19)中取 $\sigma_{sx}=f_{yx}$，$\sigma_{sz}=f_{yz}$得最大剪应力：

$$v=\sqrt{(\rho_x f_{yx}-\sigma_x)(\rho_z f_{yz}-\sigma_z)} \tag{6-29}$$

对于 σ_x，σ_z，ρ_x 和 ρ_z 已知的情况，可分别计算式(6-25)，式(6-27)，式(6-28)和式(6-29)表示的剪应力 v，其中较小者为墙单元可承受的最大剪应力。

(3)上限解

塑性极限理论的上限分析需满足屈服条件、协调条件和机动条件。

1)屈服条件

在 x，z 两个方向薄膜应力和剪应力的作用下，单元钢筋屈服，混凝土达到假定的"屈服"状态(图 6-2)。x，z 方向钢筋的屈服应力为

$$\sigma_{sx}=f_{yx},\quad \sigma_{sz}=f_{yz} \tag{6-30}$$

假定混凝土的"屈服"符合 Mohr-Coulomb 准则(图 6-7)：

$$f(v,\ \sigma)=c+\sigma\tan\varphi-v=0 \tag{6-31}$$

其中：

$$\sin\varphi=\frac{f'_c-f'_t}{f'_c+f'_t},\quad c=\frac{f_c(1-\sin\varphi)}{2\cos\varphi}=\frac{1}{2}\sqrt{f'_0 f'_t} \tag{6-32}$$

式中：

τ，σ——混凝土剪切面上的剪应力和正应力；

c，φ——混凝土的黏结力和内摩擦角；

f_t，f_c——混凝土的抗拉强度和抗压强度。

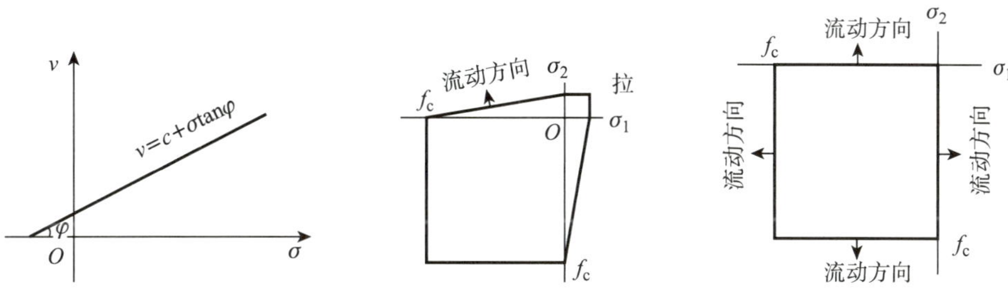

(a) Mohr-Coulomb 准则　(b)考虑抗拉强度　(c)不考虑抗拉强度

图 6-7　Mohr-Coulomb 破坏准则

式(6-32)的“屈服”条件也可表示为主应力的形式：

$$f(\sigma_1,\ \sigma_2)=\frac{\sigma_1}{f'_t}+\frac{\sigma_2}{f'_c}-1=0 \tag{6-33}$$

其中：

$$f'_t=\frac{2c\cos\varphi}{1+\sin\varphi}=\nu_t f_t,\ f'_c=\frac{2c\cos\varphi}{1-\sin\varphi}=\nu_c f_c \tag{6-34}$$

式中：

ν_t，ν_c 分别为混凝土抗拉强度和抗压强度折减系数。

2)协调条件

假定钢筋与混凝土黏结良好，则钢筋的应变等于混凝土的应变，即：

$$\varepsilon_{sx}=\varepsilon_{cx}=\varepsilon_x,\ \varepsilon_{sz}=\varepsilon_{cz}=\varepsilon_z \tag{6-35}$$

再假定混凝土主拉应变与 x 轴的夹角同混凝土主拉应力与 x 轴的夹角是相同的，均为 θ，根据图 6-8，得到混凝土应变与主应变的关系为(同样主压应变 ε_2 取正号)：

$$\varepsilon_x+\varepsilon_z=\varepsilon_1-\varepsilon_2 \tag{6-36}$$

$$\tan^2\theta=\frac{\varepsilon_z-\varepsilon_1}{\varepsilon_x-\varepsilon_1} \tag{6-37}$$

$$\gamma_{xz}=2(\varepsilon_z-\varepsilon_1)\cot\theta \tag{6-38}$$

式中：

ε_x，ε_z——钢筋混凝土单元 x，z 方向混凝土的应变；

γ_{cxy}——混凝土的剪应变；

ε_{c1}，ε_{c2}——混凝土的主拉应变和主压应变。

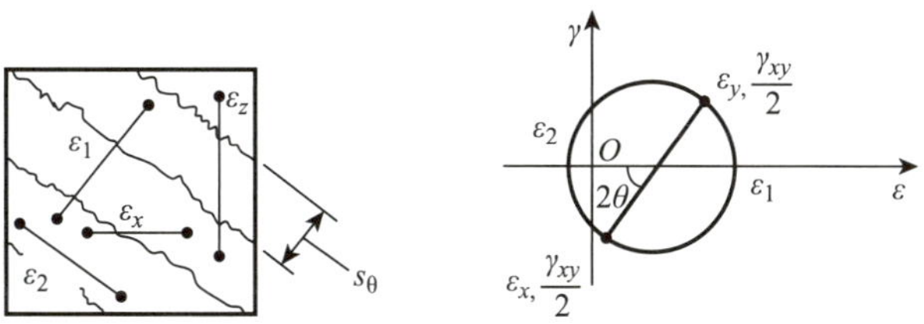

(a)单元应变　(b)应变摩尔圆

图 6-8　混凝土单元应变

3)机动条件

在薄膜应力 σ_x，σ_z 和剪应力 v 的作用下，钢筋混凝土单元达到极限状态时混凝土和钢筋均进入塑性流动状态。按照塑性理论的流动法则，混凝土塑性流动方向垂直于混凝土的“屈服”面(图 6-7)，则混凝土主拉应变和主压应变为

$$\varepsilon_1=\lambda\frac{\partial f(\sigma_1,\ \sigma_2)}{\partial\ \sigma_1}=\frac{\lambda}{f'_{\mathrm{t}}},\ \ \varepsilon_2=\lambda\frac{\partial f(\sigma_1,\ \sigma_2)}{\partial\ \sigma_2}=\frac{\lambda}{f'_{\mathrm{c}}} \tag{6-39}$$

式中：

λ 为常数。

将式(6-39)代入式(6-34)得

$$\varepsilon_1=\frac{\lambda}{c}\times\frac{1+\sin\varphi}{2\cos\varphi},\ \ \varepsilon_2=\frac{\lambda}{c}\times\frac{\sin\varphi-1}{2\cos\varphi} \tag{6-40}$$

将式(6-39)代入式(6-33)得

$$\sigma_1\frac{\varepsilon_1}{\lambda}+\sigma_2\frac{\varepsilon_2}{\lambda}-1=0$$

即

$$\sigma_1\varepsilon_1+\sigma_2\varepsilon_2=\lambda \tag{6-41}$$

将式(6-40)代入式(6-36)，式(6-37)得

$$\varepsilon_x=\frac{\lambda}{c}\times\frac{\sin\varphi-\cos(2\theta)}{2\cos\varphi}$$

$$\varepsilon_z=\frac{\lambda}{c}\times\frac{\sin\varphi+\cos(2\theta)}{2\cos\varphi} \tag{6-42}$$

将式(6-40)，式(6-42)代入式(6-38)得

$$\gamma_{xz}=\frac{\lambda}{c}\times\frac{\sin(2\theta)}{\cos\varphi} \tag{6-43}$$

作用于钢筋混凝土单元的薄膜应力 σ_x，σ_z 和剪应力 v 做外功，即

$$E_{\mathrm{ex}}=\sigma_x\varepsilon_x,\ \ E_{\mathrm{ez}}=\sigma_z\varepsilon_z,\ \ E_{\mathrm{exz}}=v\gamma_{xz} \tag{6-44}$$

式中：

E_{ex} 为薄膜应力 σ_x 做的外功，E_{ez} 为薄膜应力 σ_z 做的外功，E_{exz} 为剪应力 v 做的外功。

单元混凝土抵抗外力作用做内功，即

$$E_{\mathrm{ic}}=\sigma_1\varepsilon_1+\sigma_2\varepsilon_2 \tag{6-45}$$

式中：

E_{ic} 为混凝土主应力 σ_1 和 σ_2 做的内功。

单元的钢筋也抵抗外力作用做内功，即

$$E_{\mathrm{is}}=\rho_x f_{yx}\varepsilon_x+\rho_z f_{yz}\varepsilon_z \tag{6-46}$$

式中：

E_{is}为钢筋应力$\rho_x f_{yx}$和$\rho_z f_{yz}$做的内功。

由内外功相等原理得

$$E_{is}+E_{ic}=E_{ex}+E_{ez}+E_{exz} \tag{6-47}$$

即

$$\rho_x f_{yx}\varepsilon_x+\rho_z f_{yz}\varepsilon_z+\sigma_1\varepsilon_1+\sigma_2\varepsilon_2=\sigma_x\varepsilon_x+\sigma_z\varepsilon_z+v\gamma_{xz} \tag{6-48}$$

4)受剪承载力上限解

将式(6-41)~式(6-43)代入式(6-48)得

$$v(\theta)=\frac{c\cos\varphi}{\sin(2\theta)}+(\rho_x f_{yx}-\sigma_x)\frac{\sin\varphi-\cos(2\theta)}{2\sin(2\theta)}+(\rho_z f_{yz}-\sigma_z)\frac{\sin\varphi+\cos(2\theta)}{2\sin(2\theta)} \tag{6-49}$$

同样，由于混凝土抗拉强度很小，设计中一般忽略混凝土的抗拉作用。假定$f_t'=0$，则$\sin\varphi=1$，$c=0$，则式(6-49)变为

$$v(\theta)=(\rho_x f_{yx}-\sigma_x)\frac{1-\cos(2\theta)}{2\sin(2\theta)}+(\rho_z f_{yz}-\sigma_z)\frac{1+\cos(2\theta)}{2\sin(2\theta)} \tag{6-50}$$

作为上限解，需求剪应力的最小值。由$\dfrac{\mathrm{d}v(\theta)}{\mathrm{d}\theta}=0$得

$$(\rho_x f_{yx}-\sigma_x)\,[1-\cos(2\theta)]=(\rho_z f_{yz}-\sigma_z)\,[1+\cos(2\theta)] \tag{6-51}$$

由此得到

$$\cos(2\theta)=\frac{(\rho_x f_{yx}-\sigma_x)-(\rho_z f_{yz}-\sigma_z)}{(\rho_x f_{yx}-\sigma_x)+(\rho_z f_{yz}-\sigma_z)} \tag{6-52}$$

$$\sin(2\theta)=\frac{2\sqrt{(\rho_x f_{yx}-\sigma_x)(\rho_z f_{yz}-\sigma_z)}}{(\rho_x f_{yx}-\sigma_x)+(\rho_z f_{yz}-\sigma_z)} \tag{6-53}$$

假定$\rho_x f_{yx}-\sigma_x$和$\rho_z f_{yz}-\sigma_z$均大于0，将式(6-52)，式(6-53)代入式(6-50)得钢筋混凝土单元可承担的剪应力为

$$v=\sqrt{(\rho_x f_{yx}-\sigma_x)(\rho_z f_{yz}-\sigma_z)} \tag{6-54}$$

当$\rho_x f_{yx}-\sigma_x$和$\rho_z f_{yz}-\sigma_z$中的一个或两个小于0时，钢筋混凝土单元不能承担式(6-54)表示的剪应力。另外，上述的分析是按$\sigma_2=\nu_{\mathrm{c}} f_{\mathrm{c}}$得到的，当$\sigma_2>\nu_{\mathrm{c}} f_{\mathrm{c}}$时，钢筋混凝土单元也不能承担式(6-54)中$(\rho_x f_{yx}-\sigma_x)$表示的剪应力。

(4)分析

下限解要求构件内任一点的应力都不能超过材料的强度(或强度包络线)，上限解假定破坏机构上的所有点都达到了材料强度(或强度包络线)。上限解的最小值总是大于下限解的最大值，当两者相等时，则达到真正的极限状态，得到的解为精确解。

如图6-5所示，对于薄膜拉力下的钢筋混凝土墙，混凝土受拉开裂后，x方向和z方向的钢筋与裂缝间的混凝土构成一个静力平衡系统，墙平面内受剪承载力取决于两个方向的薄膜拉力、两个方向钢筋的屈服强度和配筋率及混凝土的抗压强度。当至少一个方向的纵向钢筋不能承担所在方向的薄膜拉力时，墙不能承担平面内剪力。对于图6-6(b)所示的情况，两个方向钢筋都不屈服，墙平面内受剪承载力取决于混凝土压

杆的强度；对于图 6-6(c)所示的情况，一个方向钢筋屈服，墙平面内受剪承载力取决于屈服方向钢筋承担的拉力和混凝土压杆的强度；对于图 6-6(d)所示的情况，两个方向钢筋都屈服，墙平面内受剪承载力与混凝土压杆的强度无关，但这并不意味着与混凝土无关，混凝土以压杆的形式起联结钢筋的作用并传递压应力，保持与钢筋应力的平衡，只是混凝土压杆的强度(经过折减)是有富余的；如果没有混凝土以压杆的形式传递应力，墙同样不能承担平面内剪力。在设计中，可以通过配置充足的钢筋来抵抗薄膜拉力和剪力，虽然《压水堆核电厂预应力混凝土安全壳设计规范》(NB/T 20303—2014)、《核安全相关混凝土结构规范》(NB/T 20012—2010)和美国《核电设施建造规定Ⅲ，第 2 部分，混凝土安全壳规范》ACI 359-13 的配筋计算公式中没有体现混凝土抗压强度的影响，但规范中规定 $v \leqslant 0.25 f_c$(NB/T 20303—2014，NB/T 20012—2010)或 $v \leqslant 0.2 f'_c$(ACI 359-3)实际上要求混凝土必须具有相应的抗压强度，以保证混凝土以压杆的形式传递剪应力；当不能满足这一要求时，单元可承受的最大剪应力即为 $v = 0.25 f_c$ 或 $v = 0.2 f'_c$。

由式(6-49)可以看出，在钢筋混凝土墙平面内受剪承载力的上限解中，混凝土的强度是通过摩擦角的正弦函数、余弦函数和黏聚力 c 反映的；由式(6-50)可以看出，当忽略混凝土抗拉强度时，混凝土抗压强度的影响也不再显现，同样这并不意味着混凝土不再起作用，而是如图 6-5 一样，压杆混凝土一直按假定的塑性强度 $v_c f_c$ 保持塑性流动状态。实际的混凝土并非理想的塑性材料，所以随着墙塑性变形的增大，裂缝间混凝土压杆变形到一定程度时混凝土墙即发生破坏。另外，由式(6-54)可以看出，当 $\rho_x f_{yx} - \sigma_x$ 和 $\rho_z f_{yz} - \sigma_z$ 均大于 0 时，钢筋混凝土墙平面内受剪承载力的上限解与下限解式(6-29)是相同的，说明在这种情况下，得到解为塑性极限理论的精确解。

不同情况下钢筋混凝土墙受剪承载力的计算公式为：式(6-25)、式(6-27)、式(6-28)、式(6-29)或式(6-54)。从设计角度，一方向的钢筋屈服而另一方向的钢筋未屈服时，说明钢筋未屈服方向的钢筋量有富余，为使设计的钢筋量最小，要求两个方向的钢筋均达到屈服状态，此时的平面内受剪承载力计算公式为式(6-25)、式(6-27)，其中式(6-25)规定的平面内受剪承载力取决于混凝土的抗压强度，即规范《核电厂混凝土结构技术标准》第 7.3.1 条规定 $V/h \leqslant 0.25 f_c$；式(6-27)规定的平面内受剪承载力由钢筋的屈服强度决定。为求 x、z 方向的配筋量，设

$$N_x^* = \rho_x f_{yx} bh = A_{sx} f_y$$
$$N_z^* = \rho_z f_{yz} bh = A_{sz} f_y \tag{6-55}$$

显然，按下列方程解出的 N_x^* 和 N_z^*，将会满足式(6-27)

$$N_x^* = \sigma_x bh + N_{xy} K = N_x + N_{xy} K$$
$$N_z^* = \sigma_z bh + N_{xy}/K = N_y + N_{xy}/K \tag{6-56}$$

其中 K 为待定常数，对于每一个 K 值，即有一对 N_x^*、N_z^* 与 N_x、N_y、N_{xy} 对应。从优化角度，将两个方向的钢筋总量最小作为期望解，而钢筋总量与($N_x^* + N_z^*$)成正比。由式(6-56)得

$$N_x^* + N_z^* = N_x + N_y + N_{xy}\left(K + \frac{1}{K}\right) \tag{6-57}$$

将$(N_x^* + N_z^*)$对 K 取一次导数，并令其等于零，得

$$\frac{\partial\ (N_x^* + N_z^*)}{\partial\ K} = N_{xy}\left(1 - \frac{1}{K^2}\right) = 0 \Rightarrow K = \pm 1 \tag{6-58}$$

将$(N_x^* + N_z^*)$对 K 取二次导数，并令其等于零，得

$$\frac{\partial\ ^2(N_x^* + N_z^*)}{\partial\ K^2} = \frac{N_{xy}}{K^3} \tag{6-59}$$

由于所设计的为受拉钢筋，N_x^* 和 N_z^* 恒为正值，因此钢筋总量最小与数学最小值一致，从而二次导数必须是正值，因此，K 与 N_{xy}必须同号，因此

$$N_{xy}K = \frac{N_{xy}}{K} = |N_{xy}| \tag{6-60}$$

将式(6-60)代入式(6-56)、式(6-55)得

$$A_{sx} = \frac{N_x + |N_{xy}|}{f_y}$$

$$A_{sz} = \frac{N_z + |N_{xy}|}{f_y} \tag{6-61}$$

当 N_x、N_y 较小甚至为压力时，由式(6-61)所计算的钢筋面积有可能小于按构造要求的最小钢筋面 $A_{s,\min}$，即

$$N_x^* \leqslant A_{s,\min} f_y$$

或

$$N_z^* \leqslant A_{s,\min} f_y \tag{6-62}$$

此时，应取

$$N_x^* = A_{s,\min} f_y$$

或

$$N_z^* = A_{s,\min} f_y \tag{6-63}$$

将其代入式(6-27)，可求另一方向所需要的钢筋量

$$A_{sz} = \frac{1}{f_y}\left(N_z + \frac{N_{xy}^2}{A_{s,\min} f_y - N_x}\right)$$

或

$$A_{sx} = \frac{1}{f_y}\left(N_x + \frac{N_{xy}^2}{A_{s,\min} f_y - N_z}\right) \tag{6-64}$$

6.2.3 剪摩擦计算

在钢筋混凝土结构设计中，经常会遇到受剪力作用的混凝土薄弱面问题，如施工缝、现浇混凝土与预制混凝土或钢构件的结合界面。由于这些界面的抗剪性能比较弱，

沿这特定薄弱面的剪切破坏与一般由主拉应力引起的斜向破坏不同，称为剪摩擦问题。剪摩擦原理假定有一条潜在的薄弱面，当薄弱面一侧的混凝土表面沿另一侧混凝土表面发生的相对位移足以使穿过此薄弱面的钢筋应力达到屈服，因而这些钢筋提供了一个穿过薄弱面的夹紧力，此夹紧力产生的摩擦力与薄弱面两侧混凝土不规则突起提供的抗剪断力构成了相应的抗力。

对于剪摩擦的计算，中、美、欧各国规范均有相应的规定，本节主要对其进行方法研究，分析其各自的特点。

(1)规范中的计算方法

1)中国规范的计算方法

《混凝土结构设计规范》(GB 50010—2010)第11.7.6条规定如下：

11.7.6　一级抗震等级的剪力墙，其水平施工缝处的受剪承载力应符合下列规定：

$$V_w \leqslant \frac{1}{\gamma_{RE}}(0.6f_yA_s+0.8N)$$

式中：

N——考虑地震组合的水平施工缝处的轴向力设计值，压力时取正值，拉力时取负值；

A_s——剪力墙水平施工缝处全部竖向钢筋截面面积，包括竖向分布钢筋、附加竖向插筋以及边缘构件(不包括两侧翼墙)纵向钢筋的总截面面积。

其中承载力抗震调整系数 γ_{RE} 根据《建筑抗震设计规范》(GB 50010—2010)表11.1.6采用，对于剪摩擦计算取 $\gamma_{RE}=0.85$。

《高层建筑混凝土结构技术规程》(JGJ3—2010)第7.2.12条及相应的条文说明如下：

7.2.12　抗震等级为一级的剪力墙，水平施工缝的抗滑移应符合下式要求：

$$V_{wj} \leqslant \frac{1}{\gamma_{RE}}(0.6f_yA_s+0.8N)$$

式中：

V_{wj}——剪力墙水平施工缝处剪力设计值；

A_s——水平施工缝处剪力墙腹板内竖向分布钢筋和边缘构件中竖向钢筋总面积(不包括两侧翼墙)，以及在墙体中有足够锚固长度的附加竖向插筋面积；

f_y——竖向钢筋抗拉强度设计值；

N——水平施工缝处考虑地震作用组合的轴向力设计值，压力取正值，拉力取负值。

条文说明如下：

7.2.12　一级抗震等级设计的剪力墙，要防止水平施工缝处发生滑移。公式(7.2.12)验算通过水平施工缝的竖向钢筋是否足以抵抗水平剪力，如果所配置的端部和竖向钢筋不够，则可设置附加插筋，附加插筋在上、下层剪力墙中都要有足够的锚固长度。

其中承载力抗震调整系数 γ_{RE} 同样根据《建筑抗震设计规范》(GB 50010—2010)表

11.1.6 采用，对于剪摩擦计算取 $\gamma_{RE}=0.85$。

以上，中国规范中均规定，抗震等级为一级的剪力墙水平施工缝处应进行抗滑移验算，且验算公式相同。

国内标准通过将抗力值除以承载力抗震调整系数 γ_{RE}的原因：

快速加载下的材料强度比常规静力荷载下的材料强度高，由于地震作用的加载速度高于静力荷载的加载速度，因此材料强度有所提高；

地震作用是偶然作用，结构抗震可靠度要求可比承受一般荷载作用下的可靠度要求低。

国内标准对于剪摩擦验算中抗力的放大系数为$\dfrac{1}{\gamma_{RE}}=\dfrac{1}{0.85}=\dfrac{20}{17}=1.176$，其验算公式也可写作：$V_w\leqslant\dfrac{12}{17}f_yA_s+\dfrac{16}{17}N$，$N$ 为考虑地震作用组合的轴力设计值，压力为正，拉力为负。则当 N 为拉力时，有 $V_w\leqslant\dfrac{12}{17}\left(f_yA_s-\dfrac{4}{3}N\right)$，假定施工缝处摩擦系数为 12/17 = 0.71，而 N 本身为设计值，再乘以 4/3 放大系数则偏于安全，或可理解为由于拉力作用而使施工缝有拉开的趋势，从而使摩擦系数变小为$\dfrac{12}{17}\cdot\dfrac{f_yA_s-\dfrac{4}{3}N}{f_yA_s-N}$；而当 N 为压力时，有 $V_w\leqslant\dfrac{12}{17}\left(f_yA_s+\dfrac{4}{3}N\right)$，假定施工缝处摩擦系数为 12/17 = 0.71，而 N 本身为设计值，再乘以 4/3 放大系数则显得不安全，或可理解为由于压力作用而使施工缝有压紧的趋势，从而使摩擦系数变大为$\dfrac{12}{17}\cdot\dfrac{f_yA_s+\dfrac{4}{3}N}{f_yA_s+N}$。

由以上分析可知，国内民用建筑结构标准是根据现有竖向钢筋进行水平施工缝处的剪摩擦验算，不足再增设竖向钢筋。当 N 为拉力时，所有竖向钢筋应能同时承担竖向拉力和沿施工缝的剪切力，且抵抗剪切力的界面摩擦系数有所减低，偏于安全；当 N 为压力时，则考虑了压力的有利作用，但 N 采用设计值，并予以放大，则略显不安全。

2) 美国 ACI 规范的计算方法

美国 ACI318-11 规范正文提供的剪摩擦计算公式如下：

当剪摩擦配筋与剪切平面垂直时，$V_n=A_{vf}f_y\mu$ (6-65)

当剪摩擦配筋与剪切平面斜交时，

$$V_n=A_{vf}f_y(\mu\sin\alpha+\cos\alpha) \tag{6-66}$$

式(6-65)、式(6-66)是以结构承受荷载前已有裂缝为前提建立的，比较简单但也较为保守。因此，ACI318 条文说明给出其他计算方法。

当剪摩擦配筋垂直于剪切平面时，可按下式计算：

$$V_n = 0.8A_{vf}f_y + A_cK_1 \tag{6-67}$$

其中：

A_c 为抵抗剪力传递的混凝土截面面积(mm^2)；对于普通容重混凝土，$K_1=2.8$ MPa。K_1的取值适用于整浇混凝土，也适用于二次浇筑混凝土的施工缝。式(6-67)中，第一项表示摩擦对剪力传递抗力的贡献(0.8 表示摩擦系数)，第二项表示骨料咬合和钢筋的抗剪作用。

当剪摩擦配筋与剪切平面斜交时，可按下式计算：

$$V_n = A_{vf}f_y(0.8\sin\alpha + \cos\alpha) + A_cK_1\sin^2\alpha \tag{6-68}$$

其中：

α 为剪摩擦配筋与剪切平面之间的夹角(即 $0<\alpha<90°$)。

采用式(6-67)、式(6-68)计算时，$A_{vf}f_y/A_c$ 项或 $A_{vf}f_y\sin\alpha/A_c$ 项不应小于 1.4 MPa。

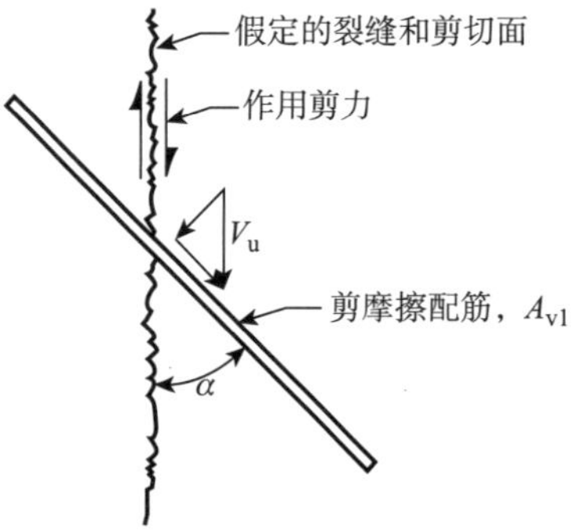

图 6-9　与假定裂缝以一个角度相交的剪摩擦配筋

对于普通混凝土，摩擦系数 μ 的取值：

①整浇混凝土，取值 1.4；

②一次混凝土表面清洁且无浮渣，界面经凿毛处理且深度约 6 mm，取值 1.0；

③一次混凝土表面未经凿毛处理，取值 0.6；

④通过栓钉或钢筋锚固于结构用热轧钢材上的混凝土，取值 0.7。

满足上述①、②条规定的混凝土：$V_n \leq \{0.2f'_cA_c、(3.3+0.08f'_c)A_c、11A_c\}_{min}$；

其他情况下的混凝土：$V_n \leq \{0.2f'_cA_c、5.5A_c\}_{min}$。

新旧混凝土强度等级不同时，f'_c 按较小强度等级的混凝土取值。

剪摩擦配筋设计中钢筋的 f_y 值不应超过 420 N/mm²。

若剪切平面上存在合拉力，则应在剪摩擦配筋之外提供承担合拉力的配筋。拉力可能由温度变化、徐变、收缩引起；若剪切平面上存在弯矩，弯曲拉应力和弯曲压应力将处于平衡状态，穿过剪切平面的合压力 $A_{vf}f_y$ 没有变化，剪力传递强度也无变化，因此不必提供附加钢筋来抵抗弯曲拉应力；若剪切平面上存在合压力，则剪切传递强度即为合压力和剪摩擦配筋 $A_{vf}f_y$ 两者之和的函数，但只有合压力为永久性时，其有利作用才将被考虑。

剪摩擦配筋应在剪切平面两端满足受拉钢筋的锚固要求，其锚固段应绕过主筋。若无弯矩作用在剪切平面上，配筋应沿剪切平面均匀布置；若有弯矩作用在剪切平面上，则可将剪力传递配筋布置在弯曲受拉区。

美国 ACI349-13 规范正文提供的剪摩擦计算公式如下：

ACI349-13 中说明，11.6 节"剪摩擦同"ACI318-11。可见 ACI349 规定的"剪摩擦"验算方法同 ACI318。

《荷载与抗力系数桥梁设计规范》AASHTO LRFD—2007(引自《现代混凝土结构基本理论及应用》)的规定。

在桥梁结构设计中，AASHTO LRFD—2007 规定下列情况需考虑给定平面的界面剪力传递：

①已有或潜在的裂缝；

②不同材料间的接触面；

③不同时间浇筑混凝土的界面；

④截面上不同构件的界面。

抵抗界面剪力的钢筋可由单根钢筋、多肢箍筋或焊接钢丝网组成。应考虑所用已有钢筋的界面剪力传递，应由埋置、弯钩、机械方法(如栓钉或焊接)以使其在界面两侧充分发挥到设计屈服应力。

界面的名义受剪承载力按下式计算：

$$V_{ni}=cA_{cv}+\mu(A_{vf}f_y+P_c),\ V_{ni}\leqslant K_1f'_cA_{cv}\text{且}\ V_{ni}\leqslant K_2A_{cv},\ A_{cv}=b_{vi}L_{vi} \tag{6-69}$$

式中：

A_{cv}——参与界面剪力传递的混凝土面积，mm^2；

A_{vf}——A_{cv}中穿过受剪面的抗剪钢筋面积，mm^2；

b_{vi}——参与剪力传递的界面宽度，mm；

L_{vi}——参与剪力传递的界面长度，mm；

c——黏结系数(见表 6-1)，MPa；

μ——摩擦系数(见表 6-1)；

f_y——钢筋屈服应力，设计值不超过 420 MPa；

P_c——垂直于受剪面的永久净压力，若为拉力，则取 $P_c=0$；

f'_c——界面强度较低一侧混凝土的 28 天抗压强度，MPa；

K_1——混凝土抗压强度中用于抵抗界面剪力部分的百分率；

K_2——界面抗剪力限值，MPa。

表 6-1 c、μ、K_1、K_2 值

剪切面条件	C/MPa	μ	K_1	K_2/MPa
清洁混凝土梁表面上的现浇混凝土板，无浮浆皮，表面粗糙度为 6 mm	1.9	1.0	0.3	12.4
整浇普通混凝土	2.8	1.4	0.25	10.3
非整浇但与清洁混凝土表面紧贴、人工凿毛粗糙度 6 mm，无浮浆皮	1.7	1.0	0.25	6.9
普通混凝土，无浮浆皮，人工凿毛粗糙度 6 mm	1.7	1.0	0.25	10.3
与清洁混凝土表面紧贴，无浮浆皮，未人工凿毛的混凝土	0.52	0.6	0.2	5.5
通过铆钉或钢筋锚于轧制结构钢中的混凝土，钢筋与混凝土接触处清洁，无涂料	0.17	0.7	0.2	5.5

注：对于支座、梁托和凸缘，黏结系数 C 取 0。

如果穿过剪切面的净力 P_c 为拉力，应按下式配置附加钢筋：

$$A_{vpc}=\frac{P_c}{\varphi f_y} \tag{6-70}$$

穿过交界面积 A_{cv} 的界面抗剪钢筋面积 A_{vf} 应满足：

$$A_{vf}=\frac{0.35A_{cv}}{f_y} \tag{6-71}$$

式(6-65)、式(6-66)是 ACI318-11 规范正文中给出的剪摩擦抗力计算公式，未考虑骨料咬合和钢筋的销栓作用，但摩擦系数根据界面条件划分较细。ACI318-11 规范条文说明中给出的计算剪摩擦抗力的式(6-67)，则考虑了骨料咬合和钢筋的销栓作用，但其值以及摩擦系数取值单一。

美国桥梁设计规范 AASHTO LRFD—2007 中，计算剪摩擦抗力的式(6-69)考虑了骨料咬合和钢筋的销栓作用，其值以及摩擦系数的取值根据界面条件进行了划分。

美标公式中的 A_{vf} 为抵抗剪力而在受剪面专设钢筋的面积，剪切面上存在合拉力时，则合拉力引起的配筋应另外考虑；剪切面上存在合压力且为永久作用时，应考虑其有利作用；剪切面上存在弯矩时，弯曲拉应力和弯曲压应力将处于平衡状态，不必提供附加钢筋来抵抗弯曲拉应力。

美标的极限状态设计表达式为 $\varphi S\leqslant C$，φ 为强度折减系数。即美标是根据结构构件的受力状态而对抗力作出折减。对于剪摩擦验算，对应 ACI 规范正文的荷载效应组合，$\varphi=0.75$，而对应 ACI318-11 附录的荷载效应组合与本规范《核电厂混凝土结构技术标准》采用的荷载组合相同，$\varphi=0.85$。

因此，若按我国标准的极限状态设计表达式为 $S \leqslant C$，则计算剪摩擦抗力的式(6-65)、式(6-66)、式(6-67)应乘以强度折减系数 φ。

3)欧洲规范计算方法

欧洲规范 EN1992-1-1：2004 规定，不同时间浇筑的混凝土界面的剪应力应满足下列条件：

$$v_{\mathrm{Edi}} \leqslant v_{\mathrm{Rdi}} \tag{6-72}$$

界面剪应力设计值按下式计算：

$$v_{\mathrm{Edi}} \leqslant \frac{\beta V_{\mathrm{Ed}}}{z b_{\mathrm{i}}} \tag{6-73}$$

式中：

β——新浇筑混凝土区域的纵向力和总纵向力的比值，无论受拉或受压区均按所考虑截面计算；

V_{Ed}——横向剪力；

z——组合截面的力臂；

b_{i}——界面宽度。

界面抗剪强度设计值 v_{Rdi} 按下式计算：

$$v_{\mathrm{Rdi}} = c f_{\mathrm{ctd}} + \mu \sigma_{\mathrm{n}} + \rho f_{\mathrm{yd}} (\mu \sin\alpha + \cos\alpha) \leqslant 0.5 \upsilon f_{\mathrm{cd}} \tag{6-74}$$

式中：

f_{ctd}——混凝土抗拉强度设计值；

σ_{n}——跨越界面的最小法向外力和剪力共同作用下产生的单位面积上的应力，$\sigma_{\mathrm{n}} < 0.6 f_{\mathrm{cd}}$，受压为正，受拉为负。当 σ_{n} 为拉应力时，$c f_{\mathrm{ctd}}$ 取为 0；

z——组合截面的力臂；

$$\rho = \frac{A_{\mathrm{s}}}{A_{\mathrm{i}}}$$

A_{s}——穿过界面且在界面两侧充分锚固的剪摩擦配筋面积；

A_{i}——接缝面积；

α——钢筋与界面夹角，$45° \leqslant \alpha \leqslant 90°$；

υ——混凝土强度折减系数，可按 $\upsilon = 0.6\left(1 - \frac{f_{\mathrm{ck}}}{250}\right)$ 计算，其中 f_{ck} 的单位为 MPa。

c、μ——与界面粗糙度有关的系数。当无实验数据或产品标准规定时，可将界面表面分为非常光滑、光滑、粗糙、锯齿状四种情况，系数分别为：

①非常光滑，如在钢、塑料或经特殊处理的光滑木模板上浇筑而成的混凝土表面：$c = 0.25$，$\mu = 0.5$；

②光滑，如滑模、模压表面或振捣后未做粗糙处理的自由表面：$c = 0.35$，$\mu = 0.6$；

③粗糙，如通过梳刮、暴露骨料或其他类似方法，使表面每 40 mm 形成至少 3 mm 的沟槽：$c = 0.45$，$\mu = 0.7$；

④锯齿状，符合图 6-10 要求的表面锯齿槽：$c=0.50$，$\mu=0.9$。

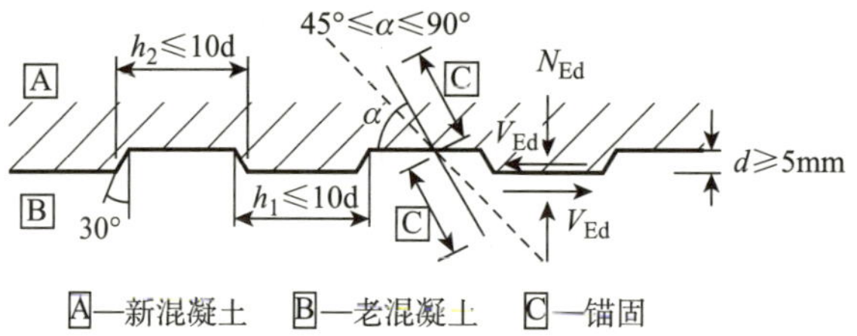

图 6-10　施工缝

欧洲规范 EN 1992-1-1：2004 规定，如图 6-11 所示，横向钢筋可分段布置。可用钢筋保证两种混凝土的连接，钢筋对抵抗力 v_{Rdi} 的贡献可取角度 $45°\leqslant\alpha\leqslant125°$ 的每个斜撑的合力。板或墙现浇接缝的纵向抗剪强度可按式(6-83)计算。当接缝处产生较大裂缝时，非常光滑、光滑和粗糙界面的 c 值取 0，而锯齿状接缝的 c 值取 0.5。在疲劳荷载或动态荷载作用下，式(6-83)中的 c 值减半。

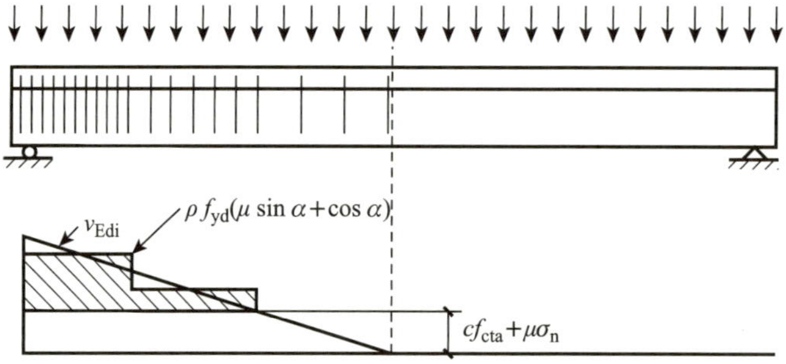

图 6-11　要求的内界面钢筋抗剪能力

欧标的剪摩擦验算主要针对混凝土结构的施工缝，且采用应力的表达式，界面抗力为 $v_{Rdi}=cf_{ctd}+\mu\sigma_n+\rho f_{yd}(\mu\sin\alpha+\cos\alpha)\leqslant0.5\upsilon f_{cd}$，其由三部分组成：$cf_{ctd}$ 近似于界面的黏结力，与界面状态及混凝土的抗拉强度设计值有关，当 σ_n 为拉应力时，cf_{ctd} 为 0，该项与美标的"φA_cK_1"项或"φcA_{cv}"项类似；$\mu\sigma_n$ 为界面上法向应力提供的摩阻力，受压 σ_n 为正，且其值应小于 $0.6f_{cd}$，受拉 σ_n 为负，该项与美标的"$\varphi\mu P_c$"项类似；$\rho f_{yd}(\mu\sin\alpha+\cos\alpha)$ 为穿过摩擦面的钢筋提供的抗剪能力。抗力值的上限为 $0.5\upsilon f_{cd}$。

c、μ(摩擦系数)可按 4 种界面状态划分：非常光滑 $c=0.25$，$\mu=0.5$；光滑 $c=0.35$，$\mu=0.6$；粗糙 $c=0.45$，$\mu=0.7$；锯齿状 $c=0.50$，$\mu=0.9$。

综合中、美、欧各国规范的剪摩擦计算公式，对于施工缝处的剪摩擦抗力应包含：界面上的黏结力(包含骨料的咬合和钢筋的栓销作用)，穿过施工缝并两端锚固良好的钢筋的抗剪力，施工缝上法向力的影响。

国标没有黏结力这项，但通过之前的分析可以看出，法向力 N 为拉力时界面摩擦系数变小，而法向力 N 为压力时界面摩擦系数变大。或可理解为 N 为拉力时，不考虑黏结力项，而 N 为压力时，则可考虑黏结力项。

综合各国标准，采用国标的材料强度指标及承载力极限状态表达式，给出钢筋混凝土结构构件施工缝处的受剪承载力计算公式：

$$V_w \leqslant cA_c + 0.9N_k\mu + f_yA_s(\mu\sin\alpha + \cos\alpha) \leqslant 0.25f_cA_c \tag{6-75}$$

式中：

V_w——施工缝处的剪力设计值(N)；

A_s——施工缝处受剪所需的、穿过施工缝的附加钢筋面积，不包含拉力及弯矩引起的受拉钢筋的面积(mm^2)；

f_y——普通钢筋抗拉强度设计值(N/mm^2)，其值不应超过360 N/mm^2；

N_k——垂直于施工缝面的永久净压力标准值(N)，$N_k \leqslant 0.6f_cA_c$，若N_k为拉力，则取$N_k = 0$；

μ——施工缝处的摩擦系数；

c——施工缝处的黏聚力(N/mm^2)，当N_k为拉力时，c取0；

f_c——混凝土轴心抗压强度设计值(N/mm^2)，施工缝两侧新旧混凝土的强度等级不同时，f_c按强度等级较低的混凝土取值；

A_c——施工缝处为抵抗剪力传递的混凝土截面面积(mm^2)；

α——斜向钢筋与施工缝平面的夹角。

剪摩擦钢筋垂直于施工缝时，$\alpha=90°$，则式(6-75)可转化为

$$V_w \leqslant cA_c + \mu(f_yA_s + 0.9N_k) \leqslant 0.25f_cA_c \tag{6-76}$$

表6-2 施工缝处μ、c取值

施工缝表面状况	$c/(N/mm^2)$	μ
按施工缝要求处理，且表面粗糙度不小于6 mm	0.45	0.85
按施工缝要求处理	0.3	0.6

2.《核电厂混凝土结构技术标准》剪摩擦计算公式与其他标准的安全度对比

(1)与中国规范的对比

假定剪摩擦钢筋($f_y = 360$ N/mm^2)垂直于施工缝布置，其配筋率为1%，$N_k = 0$，对于按施工缝要求处理的情况，则推荐公式的抗力为：

$$0.3A_c + 0.6\times360\times0.1A_c = 21.9A_c < \frac{1}{0.85}\times0.6\times360\times0.1A_c = 25.5A_c \tag{6-77}$$

可见，对于按施工缝要求处理的界面，推荐公式的安全度高于国标。

(2)与美国规范的对比

黏聚力C的比较。按施工缝要求处理，且表面粗糙度不小于6 mm时，推荐公式中$c = 0.45$ N/mm^2，小于ACI318－11规范的$\varphi K_1 = 0.85\times2.8 = 2.38$ N/mm^2，及AASHTO LRFD—2007规范的$\varphi_c = 0.85\times1.7 = 1.45$ N/mm^2(无浮浆，人工凿毛粗糙度6 mm，$\mu=1.0$)；小于欧标EN 1992-1-1：2004锯齿状面(如图2.3.1-1)的$c = 0.5$ N/mm^2；仅按

施工缝处理，不要求表面粗糙度时，推荐公式中 $c=0.3\ \text{N/mm}^2$，小于 ACI 规范的 $\varphi K_1=0.85\times2.8=2.38\ \text{N/mm}^2$，及 AASHTO LRFD—2007 规范的 $\varphi_c=0.85\times0.52=0.45\ \text{N/mm}^2$（无浮浆，未人工凿毛，$\mu=0.6$）；小于欧标 EN 1992-1-1：2004 粗糙面（通过梳刮、暴露骨料或其他方法，使表面每 40 mm 形成至少 3 mm 的沟槽）的 $c=0.45\ \text{N/mm}^2$。

因此，就黏结力这项而言，推荐公式的可靠度高于国外标准。

钢筋抗剪项的比较。按施工缝要求处理，且表面粗糙度不小于 6 mm 时，推荐公式 μ 取 1.0，考虑美标强度折减系数 $\varphi=0.85$，则推荐公式与美标的 μ 相当。美标的钢筋强度采用标准值而推荐公式为设计值，综合来看，推荐公式中钢筋抗剪项的抗力值较美标低。欧标 EN 1992-1-1：2004 锯齿状面（如图 6-10）的 μ 取 0.9，高于推荐公式；仅按施工缝处理，不要求表面粗糙度时，推荐公式中 μ 取 0.6，同国标 $\left(\text{不考虑}\frac{1}{\gamma_{RE}}\text{的放大}\right)$，小于欧标（表面粗糙 μ 取 0.7），美标未经粗糙处理的表面 μ 取 0.6，考虑 $\varphi=0.85$，但其钢筋采用标准值，相当于 $\mu=0.6\times0.85\times1.1=0.56$，其值虽略低于推荐公式的 μ，但其界面处理达不到施工缝设计要求。

推荐公式参考美标限制了剪摩擦钢筋的抗拉强度设计值，美标规定钢筋强度标准值不超过 420 MPa，相当于设计值不超过 420 MPa/1.1=381 MPa，推荐公式规定钢筋抗拉强度设计值上限为 360 MPa。

因此，就钢筋抗剪力项而言，推荐公式的可靠度不低于各国标准。

N_k 项的比较。当 N_k 为拉力时，其自身所需配筋不包含在剪摩擦配筋之内，因此，在计算剪摩擦配筋时可取 $N_k=0$，而合拉力 N_k 会大大削弱界面的黏结力，因此取 c 为 0。当 N_k 为压力时，其对抗剪有利，参考美标明确其为永久净压力标准值，而国标 N 为设计值，即便不考虑 $\frac{1}{\gamma_{RE}}$ 的放大，对于 N（设计值）仍然放大了 0.8/0.6=1.33 倍，但其未考虑界面黏结力的作用。推荐公式将 N_k 值乘以 0.9 的折减系数，并限制其不超过 $0.6f_cA_c$（参考欧标），偏于安全。

推荐公式参考美标和欧标规定了剪摩擦抗力的限值，欧标抗力限值为 $0.5\nu f_{cd}A_c$，大致相当于国标的 $0.25f_cA_c$；美标抗力限值为 $0.85\times0.2f'_cA_c$，大致相当于国标的 $0.3f_cA_c$，偏于安全，并与国标的剪压比限值对应，推荐公式取剪摩擦抗力的限值为 $0.25f_cA_c$。

（3）与欧洲规范的对比

欧洲模式规范 fib MC 2010 规定，配置界面连接钢筋时剪切面抗剪摩擦应力按下式计算：

$$\tau_{Rdi}=c_rf_{ck}^{1/3}+\mu\sigma_n+\kappa_1\rho f_{yd}(\mu\sin\alpha+\cos\alpha)+\kappa_2\rho\sqrt{f_{yd}f_{cd}}\leqslant\beta_c\nu f_{cd} \tag{6-78}$$

式中：

c_r——粗糙剪切面骨料咬合效应系数；

κ_1——钢筋拉力相互作用系数；

κ_2——抗弯相互作用系数；

μ——摩擦系数；

σ_n——作用于剪切面的最小压应力；

α——钢筋倾斜角度；

β_c——压杆强度折减系数。

$$\nu=0.55\ (30/f_{ck})^{1/3}\leqslant 0.55$$

上述各系数的取值如表 6-3 所示。

表 6-3 式(6-77)中各系数的取值

界面粗糙度	c_r	κ_1	κ_2	β_c	μ	
					$f_{ck}\geqslant 20$	$f_{ck}\geqslant 35$
非常粗糙，$R_t\geqslant 3.0$ mm	0.2	0.5	0.9	0.5	0.8	1.0
粗糙，$R_t\geqslant 3.0$ mm	0.1	0.5	0.9	0.5	0.7	
光滑	0	0.5	1.1	0.4	0.6	
非常光滑	0	0	1.5	0.3	0.5	

将式(6-75)表示为剪应力的形式：

$$\tau_C=\frac{V_C}{A_c}=c+\mu(\rho f_y+0.9\sigma_n)\leqslant 0.25f_c \tag{6-79}$$

其中，$\rho=\dfrac{A_s}{A_c}$，$\sigma_n=\dfrac{N}{A_c}$。

在式(6-77)中，取 $\alpha=90°$，则

$$\tau_{EU}=c_r f_{ck}^{1/3}+\mu(\kappa_1\rho f_{yd}+\sigma_n)+\kappa_2\rho\sqrt{f_{yd}f_{cd}}\leqslant\beta_c\nu f_{cd} \tag{6-80}$$

由式(6-78)与式(6-79)得：

$$\frac{\tau_C}{\tau_{EU}}=\frac{\min\left[c+\mu(\rho f_y+0.9\sigma_n),\ 0.25f_c\right]}{\min\left[c_r f_{ck}^{1/3}+\mu(\kappa_1\rho f_{yd}+\sigma_n)+\kappa_2\rho\sqrt{f_{yd}f_{cd}},\ \beta_c\nu f_{cd}\right]} \tag{6-81}$$

按照中国规范的规定，对于混凝土，$f_c=f_{ck,C}/1.4$，其中 $f_{ck,C}$ 为中国规范的混凝土轴心抗压强度标准值；对于普通钢筋，$f_{yk}<500$ MPa 时 $f_y=f_{yk}/1.1$，$f_{yk}=500$ MPa 时 $f_y=f_{yk}/1.15$。按照欧洲模式规范 fib MC 2010 的规定，对于混凝土，$f_{cd}=f_{ck,EU}/1.5$，其中 $f_{ck,EU}$ 为规范 fib MC 2010 的混凝土轴心抗压强度标准值；对于普通钢筋，$f_{yd}=f_{yk}/1.15$。表 6-4 所示为中国规范与欧洲模式规范 fib MC 2010 混凝土强度的对应关系。中国规范与欧洲模式规范中钢筋屈服强度标准值取相同的值。

表 6-4　中国规范与欧洲模式规范 fib MC 2010 混凝土强度的对应关系　MPa

混凝土强度等级		C25/30	C*/35	C*/40	C35/45	C40/50	C45/55	C50/60
f_{cuk}		30	35	40	45	50	55	60
中国规范	$f_{ck,C}$	20. 1	23. 4	26. 8	29. 6	32. 4	35. 5	38. 5
	f_c	14. 3	16. 7	19. 1	21. 1	23. 1	25. 3	27. 5
欧洲模式规范	$f_{ck,EU}$	25. 0	28. 0	32. 5	35. 0	40. 0	45. 0	50. 0
	f_{cd}	16. 7	18. 7	21. 7	23. 3	26. 7	30. 0	33. 3

注：C25/30 表示混凝土圆柱体抗压强度为 20 MPa，立方体抗压强度为 30 MPa，其他类同。

剪切面钢筋采用 HRB400，配筋率取 $\rho=1\%$，2%，3%，剪切面压应力取 $\sigma_n/f_{ck}=$ 0. 1，0. 3，0. 5，表 6-5~表 6-7 示出了中国规范与欧洲模式规范 fib MC 2010 抗剪摩擦应力的对比结果(表注同表 6-4)。

表 6-5　配筋率 1%时中国规范与欧洲模式规范 fib MC 2010 抗剪摩擦应力的比值

混凝土强度等级		C25/30	C*/35	C*/40	C/45	C40/50	C45/55	C50/60	平均
$\frac{\sigma_n}{f_{ck}}$	0. 1	1. 207	1. 185	1. 135	0. 948	0. 901	0. 865	0. 833	1. 011
	0. 3	1. 005	1. 002	0. 965	0. 794	0. 754	0. 725	0. 701	0. 849
	0. 5	0. 930	0. 937	0. 907	0. 744	0. 708	0. 683	0. 662	0. 796
平均		1. 047	1. 041	1. 002	0. 829	0. 788	0. 758	0. 732	0. 885

表 6-6　配筋率 2%时中国规范与欧洲模式规范 fib MC 2010 抗剪摩擦应力的比值

混凝土强度等级		C25/30	C*/35	C*/40	C/45	C40/50	C45/55	C50/60	平均
$\frac{\sigma_n}{f_{ck}}$	0. 1	1. 294	1. 267	1. 217	1. 021	0. 976	0. 940	0. 908	1. 089
	0. 3	1. 098	1. 086	1. 043	0. 860	0. 817	0. 785	0. 757	0. 921
	0. 5	1. 009	1. 006	0. 969	0. 796	0. 756	0. 728	0. 703	0. 852
平均		1. 134	1. 120	1. 076	0. 892	0. 850	0. 818	0. 789	0. 954

表 6-7　配筋率 3%时中国规范与欧洲模式规范 fib MC 2010 抗剪摩擦应力的比值

混凝土强度等级		C25/30	C*/35	C*/40	C/45	C40/50	C45/55	C50/60	平均
$\frac{\sigma_n}{f_{ck}}$	0. 1	1. 340	1. 311	1. 263	1. 062	1. 020	0. 985	0. 954	1. 134
	0. 3	1. 161	1. 144	1. 098	0. 908	0. 864	0. 830	0. 801	0. 972
	0. 5	1. 068	1. 059	1. 018	0. 837	0. 795	0. 765	0. 738	0. 897
平均		1. 190	1. 171	1. 126	0. 936	0. 893	0. 860	0. 831	1. 001

由表 6-5～表 6-7 可以看出，在剪切面压应力相同的条件下，混凝土强度等级较低时按中国规范计算的剪切面抗剪摩擦应力比按欧洲模式规范计算的值大。剪切面配筋率为 1%、2%和 3%时，中国规范与欧洲模式规范 fib MC 2010 抗剪摩擦应力比值的平均值分别为 0.885、0.954 和 1.001，总平均值为 9.946。另外，施工阶段中国规范的荷载分项系数要大于欧洲模式规范的荷载分项系数，所以中国规范的剪摩擦安全度应高于欧洲模式规范的。

(4)结论

由以上分析比较可以看出，《核电厂混凝土结构技术标准》剪摩擦验算公式采用国标的材料强度指标和承载力极限状态表达式，吸取了各国规范的优点，并具备不低于各国标准的安全度。

6.3 正常使用极限状态设计

钢筋混凝土结构设计在满足极限承载能力的前提下，还应根据结构的使用要求进行正常使用极限状态验算。正常使用极限状态的验算主要包括裂缝控制验算和变形验算，而裂缝又分为荷载裂缝和非荷载裂缝，荷载裂缝宽度和变形验算与现行国家标准《混凝土结构设计规范》(GB 50010—2010)的规定相同，本节主要介绍核电厂混凝土结构的非荷载裂缝计算方法。

6.3.1 非荷载裂缝控制验算

引起混凝土结构裂缝的原因很多，从荷载因素方面可分为荷载裂缝和非荷载裂缝。其中由荷载因素产生的正截面裂缝宽度可按现行国家标准《混凝土结构设计规范》(GB 50010—2010)计算，非荷载裂缝可基于变形协调计算。

(1) 非荷载裂缝特点

对于非荷载裂缝，核电厂混凝土结构主要包括混凝土自身收缩、温度变化引起的裂缝。与荷载裂缝相比，有如下特点：

1)具有时间性。混凝土的收缩、温度变化，从变形的产生、约束应力的形成，裂缝的出现和扩展不是在同一瞬时完成的，它有一个时间过程，是一个多次产生和发展的过程。每一时段的变形产生裂缝后，相应的约束应力逐渐松弛，从而比一次出现的应力(裂缝宽度)要小得多；

2)裂缝处的钢筋应力较小。按现行设计规范验算荷载作用下的裂缝宽度超过 1 mm 时，钢筋应力早已达到屈服极限。而根据实测结果表明，尽管温度裂缝宽度达到1 mm，钢筋应力也只有 100~200 MPa。究其原因，混凝土开裂后，温度变形得到了满足，因而其约束应力全部或部分释放；

3)温度裂缝分为浅层裂缝、深层裂缝和贯穿性裂缝。浅层裂缝和深层裂缝主要有内外温差引起的，相应的温控标准是降低内外温差；而贯穿性裂缝主要由均匀温度变化引起的，相应的温控标准尽量降低其最高温与最低温之差，可采用降低水泥水化热、设置施工缝等措施。

(2) 非荷载裂缝的计算及控制

英国《混凝土约束变形裂缝控制设计手册》CIRIA C766 基于现行欧洲规范 EN 1992-1-1，EN 1992-2，EN 1992-3 将混凝土收缩、温度变化产生的裂缝分为早期裂缝和长期裂缝。混凝土的早期裂缝主要与水泥的水化热有关，是加热过程中结构内部受热不均或是水化过程的峰值温度冷却过程中的自收缩受到约束产生的应变超过相应龄期的混凝土极限拉应变的结果。较薄的构件通常几天内会出现早期裂缝，较厚的构件由于冷却时间长，相应的早期裂缝出现较晚。根据工程经验，当混凝土浇筑在不小于其厚度的约束构件上，如果其长度大于 5 m 且水化过程中的温升达到 20 ℃时，即有开裂的风险。混凝土的长期裂缝主要由温度变化和混凝土后期的干缩变形引起的。其提供一种相应的裂缝计算方法及为控制裂缝宽度的钢筋设计指导，具体设计过程如图 6-12 所示。

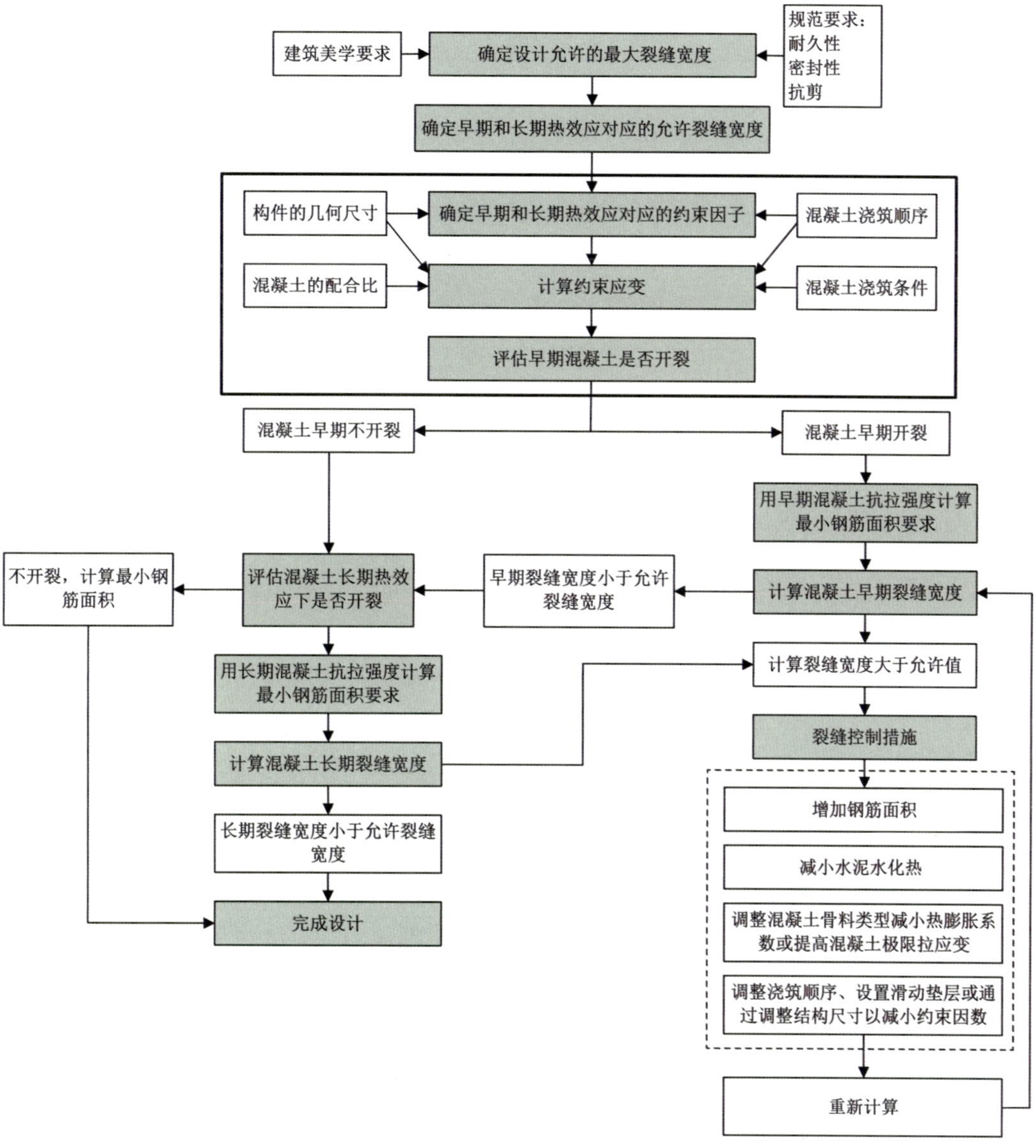

图 6-12　混凝土早期与长期热效应裂缝控制设计流程图

1) 确定允许最大裂缝宽度

混凝土的抗拉强度及极限拉应变都很低，极限拉应变大约为 $1.0\times10^{-3}\sim1.5\times10^{-3}$，所以混凝土结构通常是带裂缝工作的。对于使用上不允许出现裂缝的混凝土结构，受拉钢筋应力大约为20~30 MPa，不能充分利用钢筋的强度。因此，混凝土结构控制裂缝不是避免裂缝的出现，而是控制裂缝的间距及宽度使其不影响结构的功能。其允许裂缝宽度除了根据耐久性要求确定外，对于核电厂混凝土结构还有水密性、辐射屏蔽的要求。其中耐久性要求的裂缝宽度可根据环境作用等级确定，可参考本规范《核电厂混凝土结构技术标准》8. 1. 1 条；其中水密性的要求，根据 EN 1992-3 可按表 6-8 确定。

表 6-8　混凝土结构允许裂缝宽度

密封等级	渗漏要求	裂缝控制要求
0	可接受一定的渗漏，或渗漏无妨	由耐久性要求确定
1	允许少量渗漏。少量的表面污痕、潮湿印记可接受	贯穿裂缝允许的宽度为 w_{k1}(注 1)，非贯穿裂缝满足注(2)要求时，按耐久性要求确定
2	最小化的渗漏。表面不允许有污痕	不允许出现贯穿裂缝，除非采取合适的措施(如衬里、遇水膨胀止水条)
3	不允许任何渗漏	应采取特殊措施，如衬里、预应力以保证密封性

注：1. w_{k1}与静水压力 h_D与水池壁厚 h 之比有关。当 $h_D/h \leqslant 5$ 时，$w_{k1}=0.2$ mm，当 $h_D/h>35$ 时，$w_{k1}=0.05$ mm。对于 h_D/h 中间值，可在 0. 2 到 0. 05 之间线性插值。按此宽度控制的裂缝在不受荷载或温度剧烈变化时，一般认为可以在较短的时间得到自闭合，若无可靠信息，当使用条件下截面的预计应变小于 150×10^{-6}时认为裂缝可自闭合。对不能自闭合的裂缝，任何贯穿截面的裂缝均认为可以引起液体的渗漏。

2. 在准永久组合下，受压区高度 $x_{min} \geqslant \min(0.1\ h,\ 50\ mm)$时，认为没有产生贯穿截面的裂缝。如果截面承受往复动力性荷载时，除非能证明截面的某一部分一直处于受压状态，否则认为形成了贯穿截面的裂缝。

表 6-8 是裂缝的最终控制宽度，如果混凝土后期受约束变形的影响会增加早期裂缝的宽度，则应相应减小早期裂缝的控制宽度。这取决于提供约束的性质，对于边缘约束的构件(如浇筑在筏板基础上的混凝土墙)，在早期热效应作用下易形成了系统性的裂缝，则后期的干缩变形或温度变化会导致早期裂缝宽度的加大；对于两端约束的构件，一般情况难以出现系统性裂缝的状态，后期的干缩变形或温度变化仅导致出现新的裂缝而不会增加早期裂缝的宽度。

另外根据研究，由于荷载裂缝与混凝土早期热效应的裂缝出现模式不同，热效应产生的应力是自平衡的，荷载裂缝并不会增加混凝土早期热效应的裂缝宽度。

2) 确定约束的性质及约束因子大小

约束大小是决定约束应变、混凝土是否开裂的关键因素，而约束的性质(端部约束、边缘约束)则是控制裂缝宽度和相应钢筋设计的重要因素。混凝土龄期不同，相应的约束类型及约束因子的大小也不同，引起的裂缝形式及宽度也不同。在混凝土结构中，通常存在如下三种主要的约束形式。

边缘约束：当混凝土直接浇铸在现有构件上并且之间出现应变差。如浇筑在刚性基础上的墙体，其热应变被先浇筑的基础约束。在这种情况下，约束导致开裂应力的同时，在开裂后也控制着裂缝的发展。

端部约束：在这种情况下，约束是应力产生的原因，但它完全不依赖于钢筋，因此在控制裂纹方面不起作用。最简单的情况是在两个刚性墙之间浇铸楼板。

内部约束：当截面厚度较厚时，构件表面的冷却速度大于中部，形成了构件内部的应变差。这类似于边缘约束，收缩更快的表面被构件的中间部位所约束。

CIRIA 766 提供了未考虑混凝土徐变效应的不同约束类型下的约束因子 R，如表 6-9 所示。

表 6-9　不同条件下外部约束因子

A	墙的底部浇筑在大体积基础上	0.6~0.8
B	墙的顶部浇筑在大体积基础上	0~0.5
C	分阶段浇筑的箱式基础甲板边缘约束	0.5
D	浇筑在楼板上的边缘构件	0.8
E	垫层上浇筑的大体积混凝土	0.1~0.2
F	大体积混凝土底部浇筑在现有的基础上	0.3~0.4
G	悬浮板	0.2~0.4
H	刚性约束间的填充板	0.8~1.0

3）确定约束应变大小

当约束应变超过混凝土的极限拉应变时，混凝土即开裂，混凝土的约束应变按下式计算。

外部约束应变：

$$\varepsilon_r = K_{c1}[\alpha_c T_1 + \varepsilon_{ca}(3)]R_1 + K_{c2}[\varepsilon_{ca}(28) - \varepsilon_{ca}(3) + \alpha_c T_2]R_2 + K_{c2}\varepsilon_{cd}R_3 \quad (6\text{-}82)$$

式中：

T_1——混凝土硬化过程中的峰值温度 T_p 与早期热循环结束时平均环境温度 T_a 之差；

T_2——早期热循环结束的平均环境温度 T_a 与构件寿期内的最小温度之差；

α_c——混凝土的 *re* 膨胀系数；

$\varepsilon_{ca}(t)$——t 天后的混凝土自收缩应变；

ε_{cd}——干缩应变；

R_1——早期热效应计算对应的约束因子；

R_2，R_3——中长期热效应计算对应的约束因子；计算中长期热效应产生的约束应变时，应将考虑的构件看成是部分完成或已完成结构的一部分，而不是浇筑时的单构件，这对约束变形的计算至关重要；

K_{c1}——早期热效应约束变形计算考虑的混凝土徐变系数，可取 0.65；

K_{c2}——长期热效应约束变形计算考虑的混凝土徐变系数，可取 0.5。

内部约束应变。当计算仅由温差引起的开裂时，将 T_1 替换为 ΔT，即构件中心与表面之间的温差，并忽略混凝土自收缩的影响，因为自收缩应变在截面中均匀分布。长期应变也被忽略，因为应力状态是瞬态的，并且不会超出早期的热循环。在这种情况下，约束应变可以估算如下：

$$\varepsilon_r = K_{c1}\Delta T\alpha_c R_1 = 0.65\times\Delta T\alpha_c\times 0.42 = 0.273\Delta T\alpha_c \tag{6-83}$$

计算早期应变时，应忽略 T_2 和干缩变形 ε_{cd}的影响；计算长期应变时，仅需考虑约束构件和被约束构件之间的差异变形，如果被约束构件和约束构件都受相同的干燥收缩和热应变，则应变差将为零。

4）确定开裂释放的约束应变

约束变形超过混凝土的极限拉应变时，混凝土开裂，此时混凝土的约束应变将得到部分释放。CIRIA 766 假定释放后的残余应变为混凝土极限拉应变的一半，即用于计算裂缝宽度的应变为：

$$\varepsilon_{cr} = \varepsilon_r - 0.5\varepsilon_{ctu} = \varepsilon_{sm} - \varepsilon_{cm} \tag{6-84}$$

式中：

ε_{ctu}——混凝土的极限拉应变；

ε_{sm}——荷载裂缝计算时钢筋的平均拉应变；

ε_{cm}——荷载裂缝计算时裂缝间混凝土的平均应变。

对于端部约束的情况，EN 1992－3 的公式 M.2 直接给出了用于裂缝宽度计算的应变：

$$\varepsilon_{cr} = (\varepsilon_{sm} - \varepsilon_{cm}) = \frac{0.5\alpha_e k_c k f_{ct,eff}}{E_s}\left(1+\frac{1}{\alpha\rho}\right) \tag{6-85}$$

式中：

k——考虑不均匀自平衡应力影响的系数，外部约束条件下，当腹板高度 $h\leqslant 300$ mm 时，$k=1.0$；$h>800$ mm 时，$k=0.65$；中间采用线性插值。内部约束条件下，$k=1.0$；

k_c——即将开裂的截面内力考虑应力分布特性的系数，外部约束条件下，只受拉时取 $k_c=1.0$；内部约束条件下，$k_c=0.5$；

$f_{ct,eff}$——开裂时刻混凝土的抗拉强度；

E_s——钢筋的弹性模量；

α_e——钢筋弹性模量与混凝土弹性模量的比值；

ρ——配筋率$\dfrac{A_s}{A_{ct}}$；

A_s——总钢筋面积；

A_{ct}——受拉混凝土面积，外部约束条件下，全截面面积；内部约束条件下，0.2 h。

5）确定最小配筋面积

为确保截面开裂后，由混凝土传递给钢筋的荷载不至于钢筋屈服，钢筋的最小面积需满足：

$$A_{s,min}=k_{Redge}k_ckA_{ct}\frac{f_{ct,r}(3)}{f_{yk}}=(1-0.5R_{edge})k_ckA_{ct}\frac{f_{ct,r}(3)}{f_{yk}} \tag{6-86}$$

式中：

R_{edge}——裂缝宽度最大位置处的边缘约束因子；对于端约束，$R_{edge}=0$。

6）确定满足裂缝控制要求的最小配筋面积

裂缝宽度的计算公式

$$w_k=S_{r,max}(\varepsilon_{sm}-\varepsilon_{cm})=\left(3.4c+0.425\frac{k_1k_2\varphi}{\rho_{p,eff}}\right)\varepsilon_{cr} \tag{6-87}$$

式中：

$S_{r,max}$——最大裂缝间距，取决于钢筋与混凝土之间的黏结强度；

c——钢筋保护层厚度；

k_1——考虑钢筋黏结特性的系数，高黏结钢筋取 0.8；光面钢筋取 1.6；

k_2——考虑应变分布的系数，仅受拉时取 1.0，纯弯时取 0.5，偏心受拉或局部受拉的特殊情况下，$k_2=\frac{(\varepsilon_1+\varepsilon_2)}{2\varepsilon_1}$；$\varepsilon_1$、$\varepsilon_2$ 计算截面处边缘拉应变的较大值和较小值；

φ——钢筋直径；

$\rho_{p,eff}$——配筋率$\frac{A_s}{A_{c,eff}}$；

$A_{c,eff}$——有效受拉区面积，$A_{c,eff}=b\times\min\left(0.5h、2.5\left(c+\frac{\varphi}{2}\right)\right)$。

6.4 基于有限元单元配筋设计

6.4.1 概述

核电厂混凝土结构多为长墙、厚板，洞口多而不规则，其受力特点难以满足普通民用混凝土结构基于截面设计的假定。同时核电厂混凝土结构一般用有限元软件进行结构分析，为了更好衔接有限元结构分析的单元结果进行设计，本章节调研了三代核电堆型的混凝土结构及商用软件基于有限元单元的设计方法，开展了基于有限元单元设计的专题研究，将基于截面的设计方法进行扩展，提出了基于有限元单元的高精度配筋方法。

6.4.2 三代核电堆型混凝土结构设计方法

(1)堆型一的混凝土结构设计方法

堆型一的混凝土结构设计基于 ETC-C。其基本理论如下：

有限单元的应力状态如图 6-13 所示。

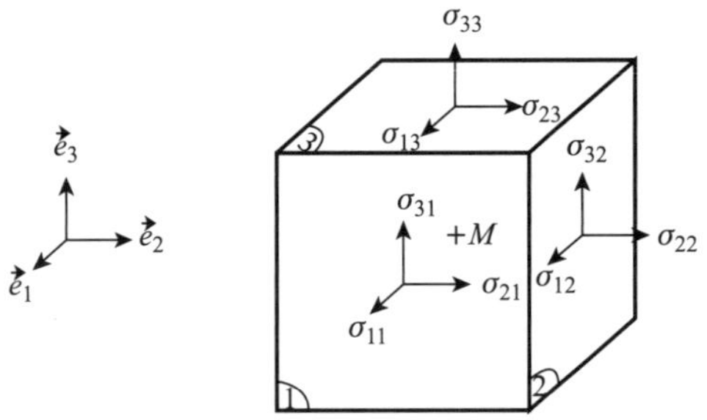

图 6-13 三维实体有限元一点的应力状态

任一点 M 的应力张量通常表示为

$$T(M)=\sigma_{ij}=\begin{pmatrix}\sigma_{11} & \sigma_{12} & \sigma_{13}\\ \sigma_{21} & \sigma_{22} & \sigma_{23}\\ \sigma_{31} & \sigma_{32} & \sigma_{33}\end{pmatrix}=\begin{pmatrix}\sigma_{x} & \tau_{xy} & \tau_{xz}\\ \tau_{yx} & \sigma_{y} & \tau_{yz}\\ \tau_{zx} & \tau_{zy} & \sigma_{z}\end{pmatrix} \tag{6-88}$$

不同坐标系下，一点的应力张量可按如下方式进行坐标变化

$$\sigma_{i'j'}=l_{i'i}l_{j'j}\sigma_{ij}=\begin{pmatrix}l_{11} & l_{12} & l_{13}\\ l_{21} & l_{22} & l_{23}\\ l_{31} & l_{32} & l_{33}\end{pmatrix}\begin{pmatrix}\sigma_{11} & \sigma_{12} & \sigma_{13}\\ \sigma_{21} & \sigma_{22} & \sigma_{23}\\ \sigma_{31} & \sigma_{32} & \sigma_{33}\end{pmatrix} \tag{6-89}$$

截面的内力，可根据坐标转换后的应力沿厚度方向积分求得。即

轴力：
$$T_x=-\int_{-t/2}^{t/2}\sigma_x\left(1+\frac{z}{r_y}\right)\mathrm{d}z;\ T_y=-\int_{-t/2}^{t/2}\sigma_y\left(1+\frac{z}{r_x}\right)\mathrm{d}z \tag{6-90}$$

弯矩：
$$M_x=-\int_{-t/2}^{t/2}\sigma_x z\left(1+\frac{z}{r_y}\right)\mathrm{d}z;\ M_y=-\int_{-t/2}^{t/2}\sigma_y z\left(1+\frac{z}{r_x}\right)\mathrm{d}z \tag{6-91}$$

平面内剪力：
$$V_{xy}=V_{yx}=-\int_{-t/2}^{t/2}\tau_{xy}\left(1+\frac{z}{r_y}\right)\mathrm{d}z \tag{6-92}$$

平面内扭矩：
$$M_{xy}=m_{yx}=-\int_{-t/2}^{t/2}\tau_{xy}z\left(1+\frac{z}{r_x}\right)\mathrm{d}z \tag{6-93}$$

平面外剪力：
$$V_x=N_x=-\int_{-t/2}^{t/2}\tau_{xz}\left(1+\frac{z}{r_y}\right)\mathrm{d}z;\ V_y=N_y=-\int_{-t/2}^{t/2}\tau_{yz}\left(1+\frac{z}{r_x}\right)\mathrm{d}z \tag{6-94}$$

相应的单元内力如图 6-14 所示。

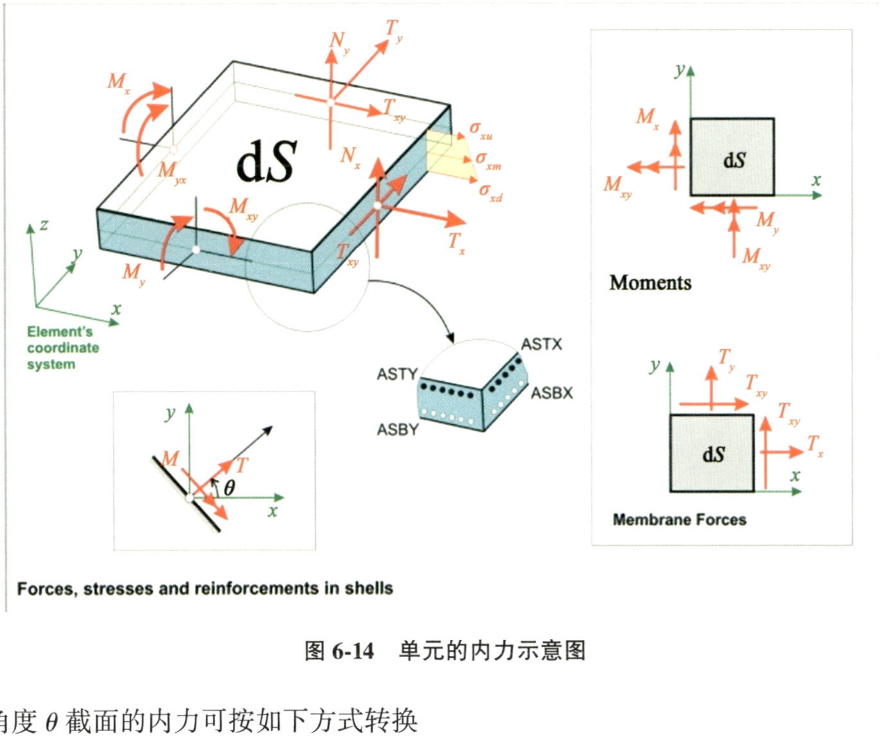

图 6-14　单元的内力示意图

角度 θ 截面的内力可按如下方式转换

$$M_\theta=M_x\cos^2\theta+M_y\sin^2\theta-2M_{xy}\sin\theta\cos\theta$$
$$N_\theta=N_x\cos^2\theta+N_y\sin^2\theta-2N_{xy}\sin\theta\cos\theta$$
$$V_\theta=V_x\cos\theta+V_y\sin\theta \tag{6-95}$$

对任意角度 θ 截面的 N_θ—M_θ、V_θ 即可以单位长度为宽度，截面厚度为高度的矩形截面根据 ETC-C 进行纵向钢筋及横向拉筋的计算，得到 $A_{\theta t}$、$A_{\theta b}$。实际配筋平行于 x、

y 坐标轴进行配置的，因而有如下关系。

$$
\begin{gathered}
A_{xt}\cos^2\theta+A_{yt}\sin^2\theta\geqslant A_{\theta t}\\
A_{yt}\cos^2\theta+A_{yb}\sin^2\theta\geqslant A_{\theta b}\\
-\frac{\pi}{2}\leqslant\theta\leqslant\frac{\pi}{2}
\end{gathered}
\tag{6-96}
$$

为求解上述方程，需增加顶面 x、y 方向配筋总量及底面 x、y 方向配筋总量最小为条件。即

$$
\begin{cases}
\min(A_{xb}+A_{yb})\\
A_{xb}\cos^2\theta_i+A_{yb}\sin^2\theta_i\geqslant A_{\theta_i b}\\
A_{xb}、A_{yb}\geqslant 0\\
\theta_i=-\dfrac{\pi}{2}+\dfrac{i\pi}{n}
\end{cases}
\text{和}
\begin{cases}
\min(A_{xt}+A_{yt})\\
A_{xt}\cos^2\theta_i+A_{yt}\sin^2\theta_i\geqslant A_{\theta_i t}\\
A_{xt}、A_{yt}\geqslant 0\\
\theta_i=-\dfrac{\pi}{2}+\dfrac{i\pi}{n}
\end{cases}
\tag{6-97}
$$

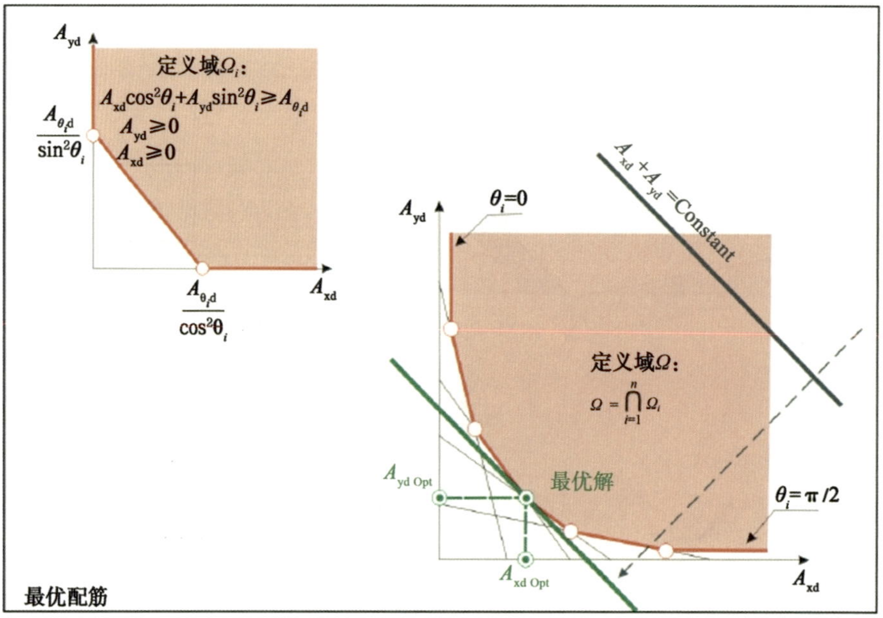

图 6-15 堆型一混凝土结构构件配筋计算优化原则示意图

(2)堆型二混凝土结构设计方法

堆型二直接采用有限元内力分析后的单元内力结果按如下方式进行内力处理，同样以单位长度为宽度，截面厚度为高度的矩形截面按 ACI 系列规范进行配筋计算。

方式一：

计算承受轴力、弯矩和扭矩的纵向钢筋

$$\begin{cases}\begin{cases}N_{ux}=T_x\\ M_{ux}=M_x+\text{abs}(M_{xy})\times\text{sgn}(M_x)\end{cases}\to\begin{cases}A_{\text{sxtop axial+flexure}}\\ A_{\text{sxbot axial+flexure}}\end{cases}X\text{ 方向}\\ \begin{cases}N_{uy}=T_y\\ M_{uy}=M_y+abs(M_{xy})\times\text{sgn}(M_y)\end{cases}\to\begin{cases}A_{\text{sytop axial+flexure}}\\ A_{\text{sybot axial+flexure}}\end{cases}Y\text{ 方向}\end{cases} \tag{6-98}$$

计算平面内抗剪钢筋

$$\begin{cases}\begin{cases}N=T_y\\ V_u=T_{xy}\end{cases}\to A_{xy\text{shear}}\text{墙壁}\\ \begin{cases}N=-\max(T_x,\ T_y)\\ V_u=T_{xy}\end{cases}\to A_{xy\text{shear}}\text{板面}\end{cases} \tag{6-99}$$

计算平面外抗剪钢筋

$$\begin{cases}\begin{cases}N=T_x\\ V_u=N_x\end{cases}\to A_{\text{sv}x}\\ \begin{cases}N=T_y\\ V_u=N_y\end{cases}\to A_{\text{sv}y}\end{cases} \tag{6-100}$$

方式二：

计算承受轴力、弯矩和扭矩的纵向钢筋

$$\begin{cases}\begin{cases}N_{ux}=T_x+\text{abs}(T_{xy})\times\text{sgn}(T_x)\\ M_{ux}=M_x+\text{abs}(M_{xy})\times\text{sgn}(M_x)\end{cases}\to\begin{cases}A_{\text{sxtop axial+flexure}}\\ A_{sx\text{bot axial+flexure}}\end{cases}X\text{ 方向}\\ \begin{cases}N_{uy}=T_y+\text{abs}(T_{xy})\times\text{sgn}(T_y)\\ M_{uy}=M_y+\text{abs}(M_{xy})\times\text{sgn}(M_y)\end{cases}\to\begin{cases}A_{sy\text{top axial+flexure}}\\ A_{sy\text{bot axial+flexure}}\end{cases}Y\text{ 方向}\end{cases} \tag{6-101}$$

计算平面内抗剪钢筋

$$\begin{cases}A_{xy\text{shear}}=0\ \text{walls}\\ A_{xy\text{shear}}=0\ \text{slabs}\end{cases} \tag{6-102}$$

计算平面外抗剪钢筋

$$\begin{cases}\begin{cases}N=T_x\\ V_u=N_x\end{cases}\to A_{\text{svx}}\\ \begin{cases}N=T_y\\ V_u=N_y\end{cases}\to A_{\text{svy}}\end{cases} \tag{6-103}$$

实际的配筋面积按下式确定

钢筋网配筋面积

$$A_{sx\text{top}}=\max\left(A_{sx\text{topaxial+flexure}},\ \frac{A_{sx\text{topaxial+flexure}}+A_{sx\text{botaxial+flexure}}+A_{xy\text{shear}}}{2}\right)$$

$$A_{sxbot}=\max\left(A_{sxbotaxial+flexure},\ \frac{A_{sxtopaxial+flexure}+A_{sxbotaxial+flexure}+A_{xyshear}}{2}\right)$$

$$A_{sytop}=\max\left(A_{sytopaxial+flexure},\ \frac{A_{sytopaxial+flexure}+A_{sybotaxial+flexure}+A_{xyshear}}{2}\right)$$

$$A_{sybot}=\max\left(A_{sybotaxial+flexure},\ \frac{A_{sytopaxial+flexure}+A_{sybotaxial+flexure}+A_{xyshear}}{2}\right) \tag{6-104}$$

横向拉筋配筋面积

$$A_{sv}=A_{svx}+A_{svy} \tag{6-105}$$

综上所述，堆型一、二的混凝土结构构件的配筋计算均是以单元为单位按单位长度为截面长度，构件实际厚度为截面高度的矩形截面进行配筋计算，在构件的厚度方向假定符合平截面假定。所不同的是堆型一采用了多角度的计算从而寻求最优解的方法，计算效率较低，并且在寻求最优的解过程中对角度 θ 的取值在 $\theta=0°$ 及 $\theta=90°$ 的附近变化梯度大。对多工况组合采取包络处理后，x、y 顶部(底部)钢筋总量最小的优势并不存在，可能结果适得其反，如图 6-16 所示。并且优化后的配筋跟内力大小间的关系不明显，不利于工程师根据计算结果对结构方案优化提供依据。

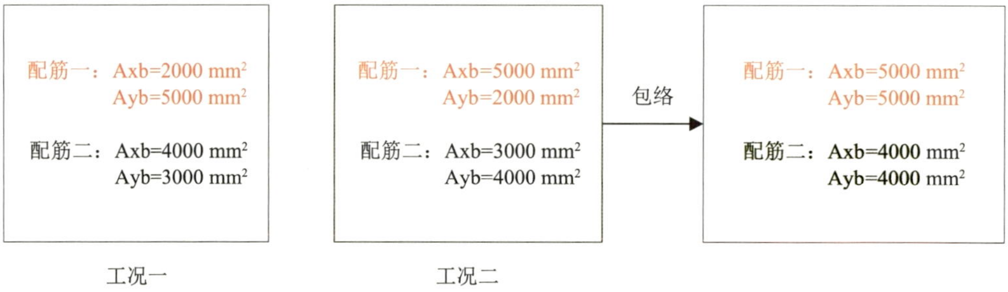

图 6-16 堆型一的混凝土结构构件配筋计算优化后计算结果包络示意图

堆型二采用了的是对钢筋配置方向的两个正交方向分别计算单位长度的钢筋面积，计算效率较高，且单元的内力输出未经角度的转换与配筋计算面积有直接的关系，便于工程师根据配筋计算结果对结构方案进行优化或有针对性地采取加强措施。

6.4.3 商用软件基于有限元单元的设计方法

结构有限元分析软件 SAP2000 及附属于 ANSYS 的 Civilfem 软件提供了基于有限元单元的设计方法。其中 SAP2000 仅具有壳单元的抵抗轴力+弯矩的配筋计算功能，而 Civilfem 软件不仅具有壳单元的配筋计算功能，也具有实体单元的配筋计算功能。

(1)SAP2000 基于有限元壳单元的设计方法

SAP2000 壳单元的内力输出示意图如图 6-17 所示。其中 F_{11}、F_{22}、F_{12} 为薄膜力，M_{11}、M_{22} 为弯矩，M_{12} 为扭矩，V_{13}、V_{23} 为横向剪力，其通过结构分析的应力沿壳单元厚度方向积分求得，计算公式同式(6-99)~式(6-103)。

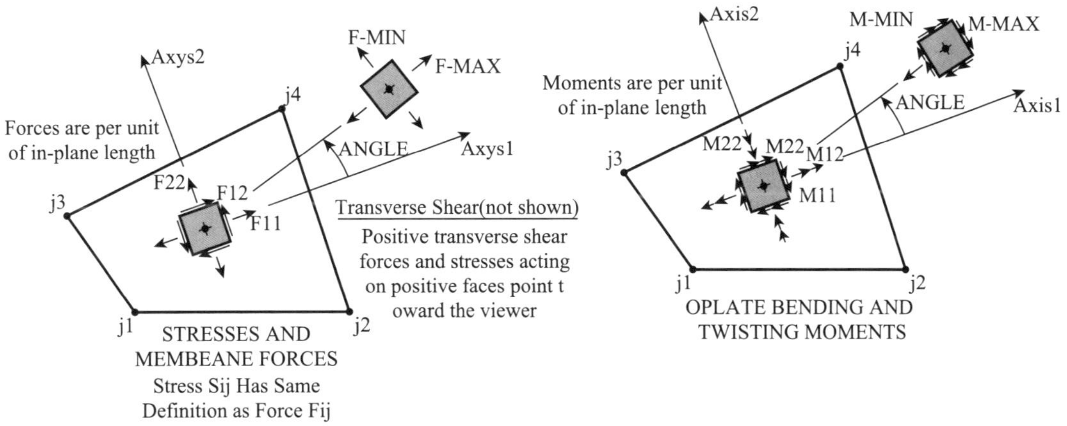

图 6-17　SAP2000 壳单元内力输出示意图

壳单元配筋计算时，将混凝土板视为两层以钢筋为中心的外层和一层无开裂的混凝土核心层组成的板单元，假定由以钢筋为中心的外层承担板的弯矩和面内轴力，由无开裂的混凝土核心层承担横向剪力，如图 6-18 所示。

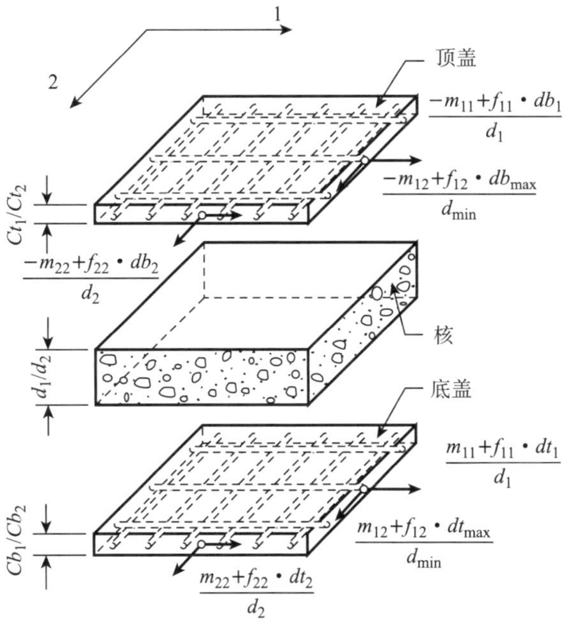

图 6-18　SAP2000 壳单元配筋计算示意图

具体过程如下：

1）将混凝土墙、板视为两层以钢筋为中心的外层和一层无开裂混凝土核心层组成"三明治"模型，外层的厚度为钢筋中心至截面边缘距离的两倍，混凝土核心层的厚度为壳中心至钢筋中心距离的两倍。

2）将壳单元的横向剪力外的六个内力转换为顶部、底部钢筋层中心面的薄膜力，转换公式如下。

$$\begin{cases} N_{11}(\text{top}) = \dfrac{-m_{11}+f_{11}\cdot db_1}{d_1};\ N_{11}(\text{bot}) = \dfrac{m_{11}+f_{11}\cdot dt_1}{d_1} \\ N_{22}(\text{top}) = \dfrac{-m_{22}+f_{22}\cdot db_2}{d_2};\ N_{22}(\text{bot}) = \dfrac{m_{22}+f_{22}\cdot dt_2}{d_2} \\ N_{12}(\text{top}) = \dfrac{-m_{12}+f_{12}\cdot db_{\max}}{d_{\min}};\ N_{12}(\text{bot}) = \dfrac{m_{12}+f_{12}\cdot dt_{\max}}{d_{\min}} \end{cases} \tag{6-106}$$

式中：

$$\begin{cases} dt_1 = \dfrac{h}{2}-ct_1;\ dt_2 = \dfrac{h}{2}-ct_2 \\ db_1 = \dfrac{h}{2}-cb_1;\ db_2 = \dfrac{h}{2}-cb_2 \\ d_1 = h-ct_1-cb_1;\ d_2 = h-ct_2-cb_2 \\ d_{\min} = \min(d_1,\ d_2);\ db_{\max} = \min(db_1,\ db_2) \\ dt_{\max} = \max(dt_1,\ dt_2) \end{cases} \tag{6-107}$$

3）将步骤（2）求得各层各个方向的等效薄膜力按下式转换成设计内力。

$$\begin{cases} NDes1(\text{top}) = N_{11}(\text{top}) + \text{Abs}\{N_{12}(\text{top})\} \\ NDes1(\text{bot}) = N_{11}(\text{bot}) + \text{Abs}\{N_{12}(\text{bot})\} \\ NDes2(\text{top}) = N_{22}(\text{top}) + \text{Abs}\{N_{12}(\text{top})\} \\ NDes2(\text{bot}) = N_{22}(\text{bot}) + \text{Abs}\{N_{12}(\text{bot})\} \end{cases} \tag{6-108}$$

$$\Downarrow$$

$$\begin{cases} if\ NDes_2(\text{top})<0 \text{ then } NDes_1(\text{top}) = N_{11}(\text{top}) + \text{Abs}\left\{\dfrac{[N_{12}(\text{top})]^2}{N_{22}(\text{top})}\right\} \\ if\ NDes_1(\text{top})<0 \text{ then } NDes_2(\text{top}) = N_{22}(\text{top}) + \text{Abs}\left\{\dfrac{[N_{12}(\text{top})]^2}{N_{11}(\text{top})}\right\} \\ if\ NDes_2(\text{bot})<0 \text{ then } NDes_1(\text{bot}) = N_{11}(\text{bot}) + \text{Abs}\left\{\dfrac{[N_{12}(\text{bot})]^2}{N_{22}(\text{bot})}\right\} \\ if\ NDes_1(\text{bot})<0 \text{ then } NDes_2(\text{bot}) = N_{22}(\text{bot}) + \text{Abs}\left\{\dfrac{[N_{12}(\text{bot})]^2}{N_{11}(\text{bot})}\right\} \end{cases} \tag{6-109}$$

4）将步骤（3）求得各层各个方向的设计内力求钢筋面积。

$$\begin{cases} Ast_1(\text{top}) = \dfrac{NDes_1(\text{top})}{0.9f_y};\ Ast_1(\text{bot}) = \dfrac{NDes_1(\text{bot})}{0.9f_y} \\ Ast_2(\text{top}) = \dfrac{NDes_2(\text{top})}{0.9f_y};\ Ast_2(\text{bot}) = \dfrac{NDes_2(\text{bot})}{0.9f_y} \end{cases} \tag{6-110}$$

5)混凝土抗压强度验算。

$$\begin{cases}F_{c1}(top)=\begin{cases}N_{11}(top)+\dfrac{\{N_{12}(top)\}^2}{N_{11}(top)} & NDes_1(top)<0\\ -2Abs\{N_{12}(top)\} & NDes_1(top)\geqslant 0\end{cases}\\ F_{c1}(bot)=\begin{cases}N_{11}(bot)+\dfrac{\{N_{12}(bot)\}^2}{N_{11}(bot)} & NDes_1(bot)<0\\ -2Abs\{N_{12}(bot)\} & NDes_1(bot)\geqslant 0\end{cases}\\ F_{c2}(top)=\begin{cases}N_{22}(top)+\dfrac{\{N_{12}(top)\}^2}{N_{22}(top)} & NDes_2(top)<0\\ -2Abs\{N_{12}(top)\} & NDes_2(top)\geqslant 0\end{cases}\\ F_{c2}(bot)=\begin{cases}N_{22}(bot)+\dfrac{\{N_{12}(bot)\}^2}{N_{22}(bot)} & NDes_2(bot)<0\\ -2Abs\{N_{12}(bot)\} & NDes_2(bot)\geqslant 0\end{cases}\end{cases} \tag{6-111}$$

$$S_{c1}(top)=\frac{F_{c1}(top)}{2ct_1};\ S_{c1}(bot)=\frac{F_{c1}(bot)}{2cb_1};\ S_{c2}(top)=\frac{F_{c2}(top)}{2ct_2};\ S_{c2}(bot)=\frac{F_{c2}(bot)}{2cb_2} \tag{6-112}$$

(2)Civilfem 基于有限元单元的设计方法

Civilfem 是基于 ANSYS 内力分析后的配筋计算后处理软件，它具有梁、壳、实体单元的配筋计算功能，包括正截面承载力计算、平面内和平面外的抗剪计算。

梁单元的设计可根据用户的需求选择遵循中、美、欧等各国规范完成截面设计，可以按单向受力、双向受力、单向受剪、双向受剪及剪扭耦合等要求完成截面设计，同时也具有正常使用极限状态的裂缝宽度计算功能。

壳单元的设计其具有正截面的计算、平面内受剪、平面外受剪计算的功能，但其所遵循的规范仅有美国及欧洲规范。其中正截面的计算提供的四种计算方法：

一是仅考虑弯矩及扭矩的 Wood-Armer 计算方法；二是类似 SAP2000 的内力处理方式的 CEB 计算方法，即将壳单元所受的除横向剪力外的六个内力等效成两外层钢筋混凝土的薄膜力，进而依据欧洲规范《CEB-FIP1990》的桁架节点平衡理论求出由钢筋承担的拉力计算钢筋面积，混凝土斜压杆承担的压力验算混凝土的抗压能力，前提是需要预先假定混凝土斜压杆的角度；三是正交设计方法(VF)，即对壳单元两正交的单元坐标方向分别进行截面承载计算，即堆型二所采用的配筋计算方法；四是 MUD 计算方法，其原理是运用弹性力学原理计算不同角度的轴力与弯矩，并计算相应的钢筋面积，将平行于单元坐标的实际钢筋面积投影至相应的角度，并求出满足要求的最小解作为相应的需要配筋计算面积，即堆型一的配筋计算方法。平面内、平面外抗剪则直接依据所选择遵循的规范直接以单元为单位进行截面计算。实体单元的配筋计算时，需定义截面的积分路径，由程序积分得到其内力后按壳单元的配筋计算方法进行截面设计。

6.4.4 基于有限元单元设计方法研究

堆型一、二及商用软件基于有限元单元的混凝土设计方法对于二维单元均是以单位长度为截面宽度，构件厚度为截面高度的矩形截面为单位进行设计。结合核电厂混凝土结构的受力特点：一方面核安全相关结构的墙、板厚度及长度方向尺寸较大，剪切变形不容忽视，无法满足平截面假定。以不同高宽比的悬臂剪力墙在顶部水平集中力作用下的应力分布可以直观看出这种受力特点，如图 6-19 所示；另一方面由于工艺需要，墙、板构件的开洞极不规则，导致其应力分布也极为复杂，基于截面的设计方法无法覆盖结构的所有区域，不满足核电厂混凝土结构设计安全性和可靠性的要求。因此，参考国内外核安全混凝土结构设计做法，基于有限元软件对结构静力、动力计算分析的输出结果，建立一套符合核安全相关结构受力特点和计算要求的以单元为单位的设计计算分析方法，相应的设计流程如图 6-20 所示。

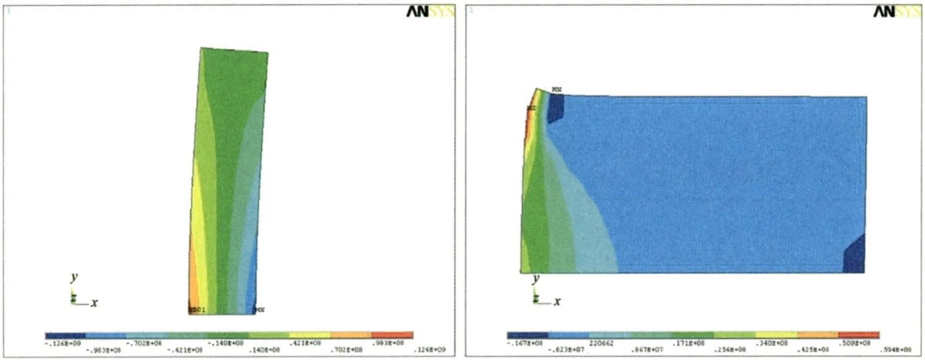

图 6-19　不同高宽比悬臂剪力墙顶部受水平集中力时的竖向应力分布示意图

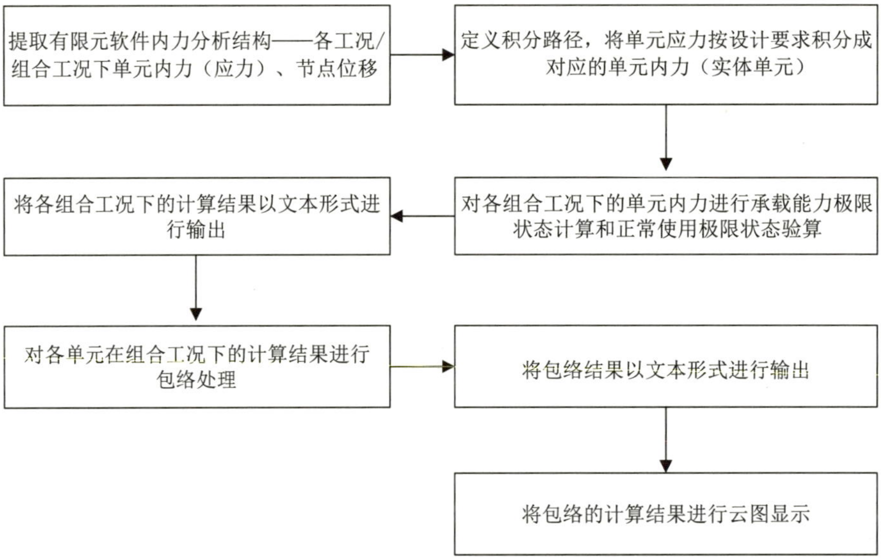

图 6-20　核电厂混凝土结构构件设计流程图

6.4.4.1　二维单元设计方法

核电厂混凝土结构在有限元分析中多用壳单元模拟混凝土墙、板构件，其内力分析结果为单元的内力及节点位移。内力输出结果为：3 项薄膜力(T_x、T_y、T_{xy})，2 项弯矩(M_x、M_y)，1 项扭矩(M_{xy})及 2 项面外剪力(N_x、N_y)，为单位长度的力或力矩，其内力输出及对应的配筋形式如图 6-21 所示。

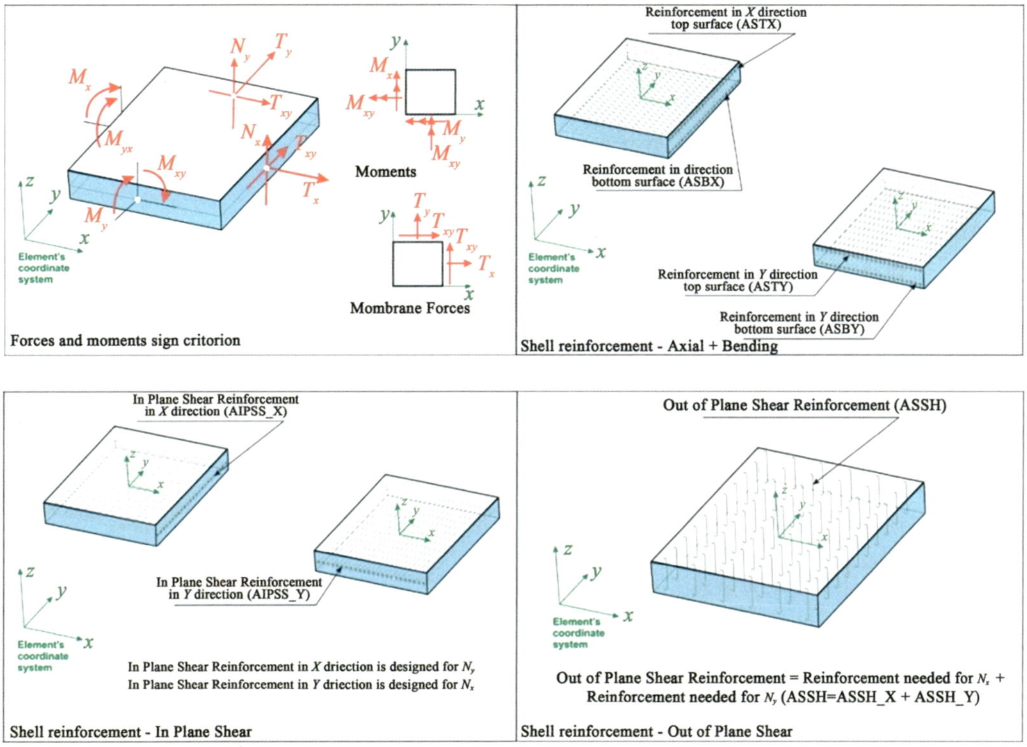

图 6-21　壳单元的内力输出及对应的配筋形式(以 ANSYS 的 shell43 单元为例)

(1)承载能力极限状态计算

承载能力极限状态计算包括轴力+弯矩的正截面承载力计算、平面内抗剪计算、平面外抗剪计算、冲切计算、局部承载验算的内容。其中，冲切计算及局部承压验算属于局部验算的内容。单元设计时，按实际的配筋方向分别计算正截面承载力、平面内抗剪和平面抗剪。每一配筋方向的计算方法相同。

1)计算承受轴力、弯矩和扭矩的纵向钢筋：

二维壳单元是基于其厚度方向变形的平截面假定进行力学计算的，因此对以壳单元模拟的结构构件可以单位长度为截面宽度，厚度为截面高度的矩形截面依据进行正截面承载力设计。另外为避免设计中出现剪、扭耦合问题，由图 6-22 可知，一个方向的扭矩的矢量方向总是与这个方向正交截面的弯矩相同，因此可按如下方式进行扭矩的处理。

$$M_{ux}=M_x+\mathrm{abs}(M_{xy})\times\mathrm{sgn}(M_x)\quad X\text{方向}$$
$$M_{uy}=M_y+\mathrm{abs}(M_{xy})\times\mathrm{sgn}(M_y)\quad Y\text{方向} \tag{6-113}$$

确定的正截面纵向钢筋如下。

$$\begin{cases}\begin{cases}N_{ux}=T_x\\ M_{ux}=M_x+\mathrm{abs}(M_{xy})\times\mathrm{sgn}(M_x)\end{cases}\rightarrow\begin{cases}A_{\mathrm{sxtop}}\\ A_{\mathrm{sxbot}}\end{cases} X\text{方向}\\ \begin{cases}N_{uy}=T_y\\ M_{uy}=M_y+\mathrm{abs}(M_{xy})\times\mathrm{sgn}(M_y)\end{cases}\rightarrow\begin{cases}A_{\mathrm{sytop}}\\ A_{\mathrm{sybot}}\end{cases} Y\text{方向}\end{cases} \tag{6-114}$$

2)墙、板平面内抗剪计算

$$\begin{cases}\begin{cases}N=T_x\\ V_u=T_{xy}\end{cases}\rightarrow\begin{cases}S_{c\_\ \mathrm{ratio}}=\dfrac{V_u}{0.25\beta_c bh}\\ A_{x\mathrm{inp}}\end{cases}\\ \begin{cases}N=T_y\\ V_u=T_{xy}\end{cases}\rightarrow\begin{cases}S_{c\_\ \mathrm{ratio}}=\dfrac{V_u}{0.25\beta_c bh}\\ A_{y\mathrm{inp}}\end{cases}\end{cases} \tag{6-115}$$

3)墙、板平面外抗剪计算

$$\begin{cases}\begin{cases}N=T_x\\ V_u=N_x\end{cases}\rightarrow\begin{cases}T_{sc\_\ \mathrm{ratio}}=\dfrac{V_u}{0.25\beta_c bh_0}\\ A_{\mathrm{svx}}\end{cases}\\ \begin{cases}N=T_y\\ V_u=N_y\end{cases}\rightarrow\begin{cases}T_{sc\_\ \mathrm{ratio}}=\dfrac{V_u}{0.25\beta_c bh_0}\\ A_{\mathrm{svy}}\end{cases}\end{cases} \tag{6-116}$$

值得注意的是，薄膜力 T_x、T_y 在正截面承载力和平面内抗剪计算中均有使用，为了避免薄膜力重复计算，尤其当薄膜力为拉力的情况下，造成配筋面积过大。按如下方式处理。

$$\begin{cases}N=T_x\ or\ T_y=N_s-N_c\\ V=T_{xy}=V_s+V_c\end{cases} \tag{6-117}$$

假定混凝土受压区高度范围内的剪力与混凝土的压力相同，即 $V_c=N_c$，此时根据平面抗剪计算公式，此范围的平面内抗剪钢筋面积为0；而受拉区范围内的平面内剪力为：$V_s=V-N_c$，则

$$A_{x\mathrm{inp}}=\frac{N_s+V-N_c}{f_y}=\frac{N+V}{f_y} \tag{6-118}$$

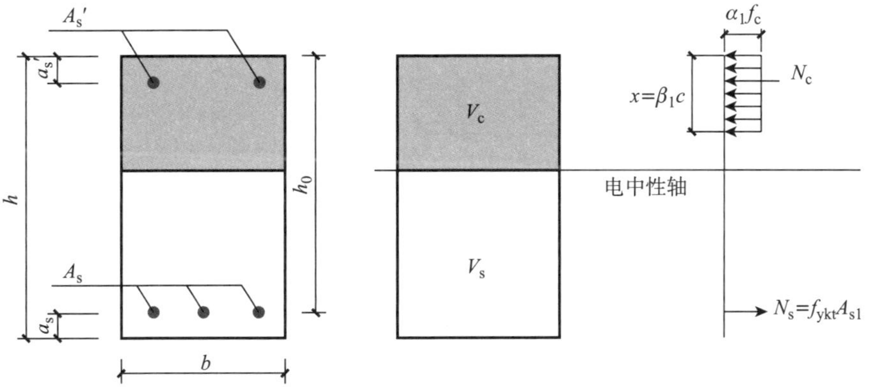

图 6-22　壳单元内力在截面上的分配

可见，弯矩并不影响平面内的抗剪承载力。

因此，实际的承载能力极限状态计算结果按下式确定：

$$\begin{cases} A_{stx}=if(A_{sxtop}+A_{sxbot}\geqslant A_{xinp},\ A_{sxtop},\ A_{sxtop}+(1-P_x)(A_{xinp}-A_{sxtop}-A_{sxbot})) \\ A_{sbx}=if(A_{sxtop}+A_{sxbot}\geqslant A_{xinp},\ A_{sxbot},\ A_{sxbot}+(1-P_x)(A_{xinp}-A_{sxtop}-A_{sxbot})) \\ A_{sty}=if(A_{sytop}+A_{sybot}\geqslant A_{yinp},\ A_{sytop},\ A_{sytop}+P_y(A_{yinp}-A_{sytop}-A_{sybot})) \\ A_{sby}=if(A_{sytop}+A_{sybot}\geqslant A_{yinp},\ A_{sybot},\ A_{sybot}+(1-P_y)(A_{yinp}-A_{sytop}-A_{sybot})) \end{cases} \tag{6-119}$$

式中 P_x、P_y 用于将 $(A_{xinp}-A_{sxtop}-A_{sxbot})$、$(A_{yinp}-A_{sytop}-A_{sybot})$ 的钢筋量分配至单元的两侧，以使两侧的钢筋量满足正截面承载力的同时，尽可能均匀配置。

(2)正常使用极限状态验算

二维单元正常使用极限状态验算包括单元裂缝宽度验算和挠度验算两方面内容，相应的流程如图 6-23 所示。其中荷载裂缝宽度的计算以单元为单位，直接按规范进行计算；由于有限元分析得到的是节点弹性位移，而混凝土的挠度是基于混凝土开裂后的刚度所需计算的相对位移。因此，需将有限元计算的节点弹性位移进行转换求得按混凝土开裂后刚度计算的挠度(图 6-24)。具体原理如下：

理论公式：

$$\begin{cases} f=S\dfrac{Ml_0^2}{D_c} \\ D_c=\dfrac{Eh^3}{12(1-\nu^2)}\leftarrow \text{板} \\ D_c=\dfrac{Ebh^3}{12}\leftarrow \text{梁} \end{cases} \tag{6-120}$$

考虑混凝土开裂及时间效应后，对应的刚度由理论刚度 D_c 减小至 B_c。同时，由于挠度为所考虑构件的相对位移，需将有限元计算的弹性位移减去竖向支撑构件的轴向变形(lmdisp)后按下式进行转换：

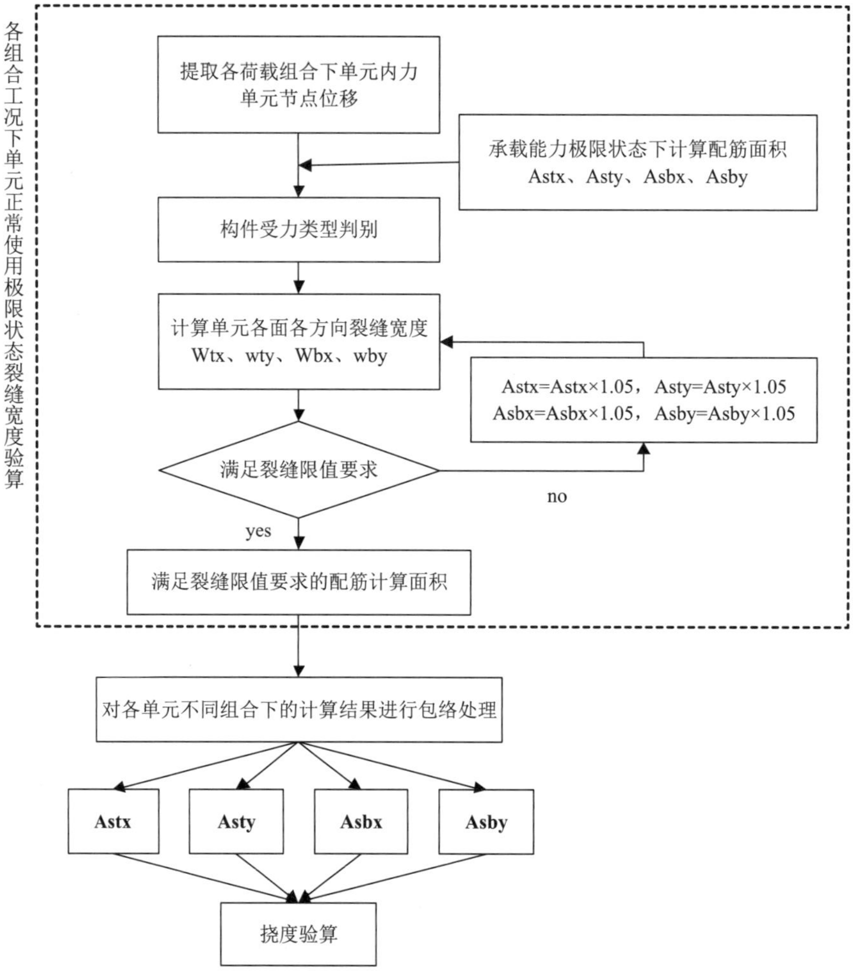

图 6-23　混凝土墙、板构件正常使用极限状态验算流程

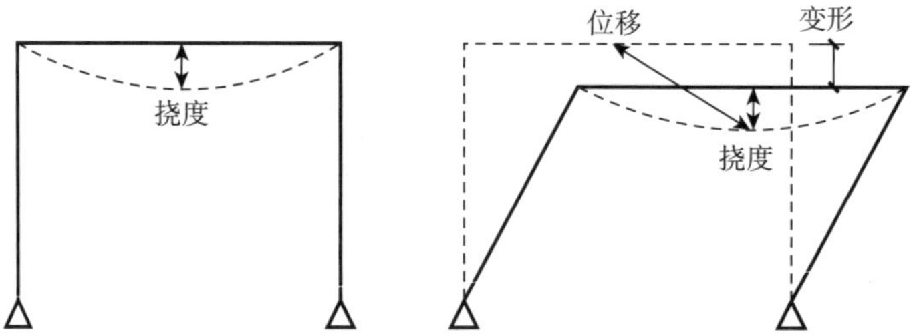

图 6-24　挠度与位移关系示意图

$$\text{deflection} = \frac{D_c}{B_c} D_{z\max} = \text{defratio}\left(U_{\text{software-max}} - \text{Imdisp}\right) \tag{6-121}$$

每个单元由于受力的不同计算的挠度转换系数 defratio 各不相同，两配筋方向 x、y 的转换系数设为 defratio_{ix}、defratio_{iy}，即可确定每个单元的位移-挠度转换系数$\text{defratio}_i =$

max($defratio_{ix}$、$defratio_{iy}$)。对于计算的单元集，按”最小刚度”原则，确定相应的挠度转换系数：

$$defratio = max(defratio_1, defratio_2, \cdots, defratio_n) \tag{6-122}$$

将单元集中每个单元的相对位移($U_{software-max}$ -Imdisp)乘单元集的挠度转换系数 defratio，即可得到此单元集按本规范计算的挠度变形图。

6.4.4.2　三维单元设计方法

三维实体单元的设计需将单元应力式(6-98)进行坐标转换，转换至配筋坐标系后沿构件厚度方向积分得到类似二维单元的内力后，按二维单元的设计方法进行设计。

6.4.4.3　一维单元设计方法

一维实体单元则直接以单元为单位按《核电厂混凝土结构技术标准》的要求进行设计。

参考文献

[1] 混凝土结构设计规范(GB 50010—2010). 北京：中国建筑工业出版社，2010.

[2] Building Code Requirements for Structural Concrete and Commentary：ACI318-11 [S]. American Concrete Institute，2011.

[3] 压水堆核电厂预应力混凝土安全壳设计规范：NB/T 20303—2014. 北京：原子能出版社，2014.

[4] 压水堆核电厂核安全有关的混凝土结构设计要求：NB/T 20012—2010. 北京：原子能出版社，2010.

[5] Design of Concrete Structures-Part 1-1：General Rules and Rules for Buildings：EN 1992-1-1：2004. Brussels，European Committee for Standardization，2004.

[6] 杨桂通，树学锋. 塑性力学. 北京：中国建材工业出版社，1999.

[7] Rules for Construction Nuclear Facility Components Ⅲ，Code for Concrete Containments Division 2：ACI 359-13. New York：The American Society of Mechanical Engineers I，2013.

[8] 蔡绍怀. 钢筋混凝土板壳在中面力系作用下的极限分析和设计. 建筑结构学报，第16卷第6期，1995.

[9] 建筑抗震设计规范(GB 50011—2010). 北京：中国建筑工业出版社，2010.

[10] 高层混凝土结构技术规程(JGJ3—2010). 北京：中国建筑工业出版社，2010.

[11] Code Requirements for Nuclear Safety-Related Concrete Structures and Commentary：ACI349-13 [S]. American Concrete Institute，2015.

[12] 贡鑫鑫，魏巍巍，赵尚传，编著. 现代混凝土结构基本理论及应用. 中国建筑工业出版社.

[13] AASHTO LRFD Bridge Design Specifications：AASHTO LRFD—2007. Texas

Department of Transportation, 2007.

[14] 吴胜兴，任旭华. 混凝土结构温度裂缝的特点及其配筋控制. 水利水电科技进展，1996(16)：05.

[15] P B Bamforth. Control of cracking caused by restrained deformation in concrete, CIRIA 766.

[16] Design of Concrete Structures-Part 2：Concrete bridges — Design and detailing rules：EN 1992-2：2005. Brussels, European Committee for Standardization, 2004.

[17] Design of Concrete Structures-Part 3：Liquid retaining and containment structures：EN 1992-3：2006. Brussels, European Committee for Standardization, 2004.

[18] 北京金土木软件技术有限公司，中国建筑标准设计研究院. SAP2000 中文版使用指南(第二版). 人民交通出版社，2012.

第七章

结构抗震分析与设计

7.1 结构抗震设计原则

核电厂结构按照其需要执行的安全功能和失效后果进行分级和分类，不同分级和分类的结构，其需要执行的安全功能和设计要求有所不同。分级分类的原则和方法详见第2章。本章的内容主要介绍抗震1类结构的抗震分析与设计，内容包括结构抗震设计总原则、抗震设防标准、抗震设计输入、结构建模、整体分析、构件设计并简要介绍基于性能的核电厂抗震分析方法和地震振型组合的优化方法。

本章的目的是对核电厂抗震分析与设计的流程和内容进行系统介绍，并有所侧重地介绍国际最新的法规标准对抗震分析的规定。

抗震1类结构应在地震发生时和地震后能够执行安全功能，厂房结构需要执行的安全功能主要包括结构完整性、密封性和维持厂房内系统设备可用性。

目前国内核电工程由于生物屏蔽以及工艺等要求均采用厚墙厚板的结构形式，结构刚度与普通建设工程建构筑物比要大得多，从理论上讲，是可以考虑结构进入延性状态，考虑到延性后结构动力响应的复杂性，结构层间或局部变形会对主要设备的安全功能的执行造成困难，目前欧美及我国均采用弹性设计方法进行抗震设计，即采用高地震作用进行弹性设计。

在核电厂的初步设计阶段，应在满足工艺布置的前提下，重点规划结构抗震布置方案，一般来说，以下方法会减少地震效应。

(1)将结构的重心布置的尽量低；

(2)平面和立面尽可能简单和规则；

(3)尽可能避免不对称结构；

(4)使各层的刚度中心尽量接近质量重心，减少扭转效应；

(5)为了减少结构之间的位移差，可以在实际可行的范围内，尽量将结构布置在同一个基础结构上。

7.2 结构抗震设防标准

核电厂的抗震设计一般可包含标准设计和厂址相关设计两个阶段。

标准设计采用假定抗震设计输入，在该假定输入条件下，完成核电厂的分析与设计，假定设计输入应具备一定的厂址包络能力，标准设计的目的是提高后续厂址相关的设计效率，避免针对不同厂址进行重复设计，提高核电厂批量化设计和建设的能力。

对于厂址相关核电厂抗震设计，至少应确定两个级别的设计基准地面运动，即极限安全地震动 SL-2(对应美标中的安全停堆地震(SSE))和运行安全地震动 SL-1(对应美标中的正常运行地震(OBE))。我国国家标准《核电厂抗震设计规范》(GB 50267-97)规定运行安全地震动 SL-1 为在设计基准期中年超越概率为 2‰的地震震动，其峰值加速度不小于 0.075g，通常为核电厂能正常运行的地震震动；极限安全地震动 SL-2 为在设计基准期中年超越概率为 0.1‰的地震震动，其峰值加速度不小于 0.15g，通常为核电厂区可能遭遇的最大地震震动。对于本章所要讨论的抗震 1 类结构，应采用运行安全地震动和极限安全地震动进行抗震设计。

对于抗震 1 类结构采用运行安全地震动和极限安全地震动进行抗震设计的必要性，国际上也开展过相关讨论。在 20 世纪 90 年代美国电力研究院(EPRI)向美国核管会(NRC)提出申请，要求在抗震设计中全部取消 OBE，认为没有必要进行 OBE 和 SSE 两套完整的抗震分析。根据 EPRI 的研究结果表明，OBE 的载荷组合在很多情况下控制电厂的设计过程，这与引入 OBE 这一设计基准的初衷相违背。

为了解决这个问题，NRC 开展了调查研究，结果表明核电厂抗震设计可取消 OBE 有以下几个方面的原因。

(1) 一般来讲，安全停堆地震 SSE 是控制整个核电厂安全设计的基准，即在该地震水平下，核电厂应能保证安全停堆。而运行基准地震 OBE 则是出于电厂运行考虑，是基于厂址高概率地震动而定的，与电厂的经济性密切相关。

(2) 多年实践证明，核电工业界和 NRC 均意识到早期的抗震准则(OBE≥1/2 SSE)常常导致了由 OBE 来控制电厂的某些设计，如管系等。认为 OBE 设计的特性是落到设计准则所定的安全裕度以外的一个额外裕量，取消 OBE 不会导致整个核电厂安全裕量显著降低。

(3) 核电厂构筑物的整体设计通常是保守的，NRC 资助的研究成果及经验积累均表明 SSE 载荷组合已经包络 OBE 的使用载荷组合。

(4) 当核电厂厂址地区发生 OBE 级别的地震时，核电厂安全停堆后，可通过对相关部件与设备的检查来确定其是否仍然完好，采取这些措施同样可以保证核安全。

根据美国联邦法规 10 CFR Appendix S to Part 50—Earthquake Engineering Criteria for Nuclear Power 第Ⅳ(a)(2)(i)中的定义：当 OBE 小于等于 1/3 SSE 时，核电厂内部与运行 OBE 有关的要求(完整性、可操作性)自动满足，不需要进行详细的反应谱分析和有限元应力分析；当 OBE 大于 1/3 SSE 时，必须进行详细设计以证明所有的系统、结构、设备在 OBE 下保持在可以接受的应力、应变及变形范围之内。

美国标准审查大纲 NUREG 0800 3.7.1 Seismic Design Parmeters 则明确了该做法。由上可见，是否采用 OBE 进行详细分析取决于 OBE 设定值的大小，仅当 OBE 小于等于 1/3 SSE 时，可以在设计中取消 OBE。

目前我国国家标准《核电厂抗震设计规范》规定运行安全地震动峰值加速度(SL-1)的取值不得小于对应极限安全地震动(SL-2)对应加速度峰值的 1/2。

确定抗震设防标准时，另一个需要关注的问题是标准设计中水平向地震和竖直向地震的峰值水平关系。根据国际原子能机构 IAEA 出版的《Seismic Hazards in Site Evaluation for Nuclear Installations》(SSG-9，2010 SSG9)指出，可以采用一个水平向地震动和竖向地震动的比例系数来反映两者的关系，通常该系数介于 1/2 至 1.0。欧洲用户要求《European Utility Requirements for LWR Nuclear Power Plants》(EUR)也指出，可以采用竖向地震动和水平向地震动的比例系数 2/3 来反映二者的关系。中美不同法规涉及竖向地震动选取方法对比见下表 7-1 所示。该系数实际上反映的是竖向地震和水平向地震的关系问题，鉴于目前国际上的研究和发现，竖向地震与场地条件密切相关，有时候竖向地震跟水平地震峰值加速度水平基本相当，甚至超出水平向，因此在确定竖向地震动时，倾向于保守考虑，一般取接近与水平向地震动的水平。

表 7-1 中美不同法规涉及竖向地震动选取方法对比表

法规名称	具体规定
HAD 101/01	如果无法取得厂址附近的竖向地面运动的峰值加速度的具体资料时，可合理的假定竖向和水平向的峰值加速度的比值(如 2/3)。经验数据表明，这个比值典型地在 1/2 至 1 之间变化，并且在近场区域可能是最大的，它取决于震源、厂址特征及其他因素。 建议使用与水平向反应谱时程曲线相同的程序，估计相应竖向地面运动的反应谱和时程曲线。 另一方法是在对同一频率的竖向和水平向反应谱的谱值作统计分析的基础上，建立竖向的标准反应谱，比值是对每一频率的谱值导出的。
NS-G-3.3	在厂址邻近地区如果不存在可用的竖向地震动峰值加速度方面特定资料的情况下，可在竖向和水平向地震动之间合理地假定一个比值(例如 2/3)，已有的经验数据表明这一比值一般在 1/2 和 1 之间变化，也许在近场最大，其变化取决于震源和厂址特征，以及其他相关因素。 评价与竖向地震动相应的反应谱和时程应使用与水平向反应谱和时程相同的方法。在具有可用资料的情况下，竖向时程的记录应作为这一评价的基础。

续表

法规名称	具体规定
GB 50267-97	设计地震震动参数应包括两个水平方向和一个竖向设计峰值加速度。两个水平向的设计峰值加速度应取相同数值，竖向设计峰值加速度使用水平向峰值加速度的2/3。

需要强调的是，针对具体厂址，需要进行详细的厂址地震安全评价，通过地震安全性评价得到厂址的水平和竖向地震动数据，此时无须针对水平和竖向地震峰值进行先行假设。

7.3　抗震设计输入

抗震设计的地震输入可分为频域的反应谱和时域的地震动时程。设计反应谱宜采用标准设计谱或经过有关部门批准的场地地震相关反应谱[7.3]，地震动时程的拟合也应严格按照法规标准的要求。

7.3.1　反应谱

（1）标准谱

标准反应谱指的是在法规标准文献中推荐使用的反应谱，目前国际上使用比较广泛的标准谱包括美国核安全导则 RG1.60 推荐的标准谱和 EUR 推荐的标准谱。

RG1.6 谱原本是从以往美国西部地区以一种深厚沉积硬土为主的不同厂址条件上强震运动的反应谱分析得出的，按照 NRC 管理导则见解，它既可以适用于基岩厂址，也可以适用于硬土厂址，因此在早期被世界各国所引用。5%阻尼比下，地面峰值加速度以 1.0*g* 标定的 RG1.60 水平向反应谱如图 7-1 所示。

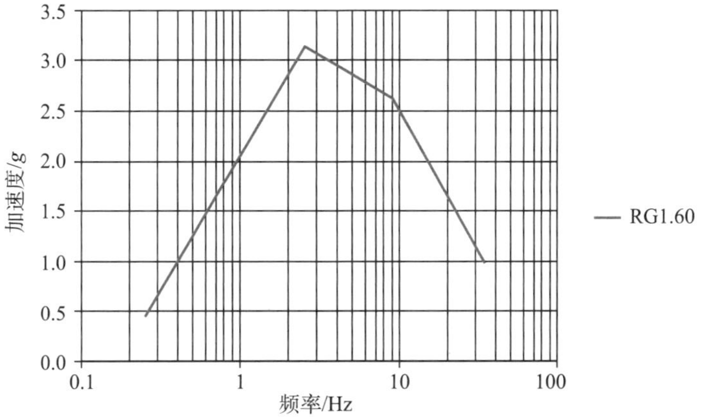

图 7-1　RG1.60 水平向反应谱

RG1.60 水平向反应谱控制点放大系数如表 7-2 所示。

表 7-2　水平向反应谱控制点放大系数

阻尼比	控制点放大系数			
	加速度			位移
	A(33cps)	B(9cps)	C(2.5cps)	D(0.25cps)
0.5	1.0	4.96	5.95	3.20

续表

阻尼比	控制点放大系数			
	加速度			位移
	A(33cps)	B(9cps)	C(2.5cps)	D(0.25cps)
2.0	1.0	3.54	4.25	2.50
5.0	1.0	2.61	3.13	2.05
7.0	1.0	2.27	2.72	1.88
10.0	1.0	1.90	2.28	1.70

RG1.60 谱在高频部分存在一定程度的低估，特别是超过 10 Hz 以上的部分，比如美国中东部地区的坚硬岩石厂址，RG1.60 谱就不能认为是合适的。在美国西屋公司 AP600 设计中，Bechtel 公司为了更好地实现核电厂标准设计的厂址包络性，他们根据当时美国地震学家对美国东部地区核电厂的广泛研究成果，决定以 RG1.60 谱为基础，局部修改其高频部分的谱形，在 25 Hz 处新增一个控制点，该控制点的加速度谱幅值取原有幅值的 1.3 倍，即成为修订的 RG1.60 谱，后续的西屋 AP1000，也是采用修正的 RG1.60 谱作为设计谱使用。

EUR 也推荐了 EUR 标准谱，该系列反应谱与假定的地基条件相关，即分为软土谱、中等硬度岩土谱和硬土谱，不同场地的划分见下表 7-3 所示，5%阻尼比下，地面峰值加速度以 1.0g 标定 EUR 标准谱如图 7-2 所示。

表 7-3　EUR 标准谱对应地基岩土参数

反应谱类型	软			中			硬		
剪切波速/(m/s)	250	350	500	600	800	1100	1200	1700	2500
密度/(kg/m^3)	2000			2200			2500		
泊松比	0.47			0.40			0.35		
阻尼比	5			4			3		

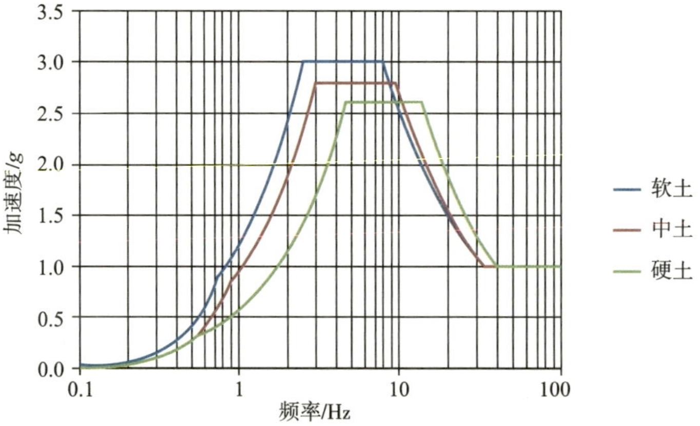

图 7-2　EUR 标准谱

值得注意的是，对于超硬地基条件的厂址，即剪切波速大于 2500 m/s，EUR 也推荐了相应的反应谱。

除了美国 RG1.60 标准设计谱和欧洲 EUR 标准设计谱之外，我国《核电厂抗震设计规范》也提供了基岩场地和硬土场地的水平向和竖向标准反应谱。

(2)厂址谱

对每一个核电厂厂址，都必须调查地面运动、地表断裂、地震引起的波浪和与地震有关的永久性地面变形现象及有关的地质现象，该项工作即核电厂拟建厂址的地震安全性评价，评价的结果之一就是厂址设计谱，评价过程和方法需遵循相关国家标准和规范，厂址谱包括水平向和竖向两个方向，设计基准地震按照超越概率 10^{-4}确定各个频率点谱值。

使用地震谱的时候需要注意地震谱的具体位置和计算输入位置的关系。

1)一般结构计算地震动输入位置在筏基底标高位置(不考虑埋置效应)；

2)如果厂址谱提供的是露头基岩谱，并且厂址条件为基岩条件，可以直接使用该谱作为筏基底标高位置的输入，如果厂址条件存在软土覆盖层，下卧基岩，则需要将该露头基岩谱转化到下卧基岩面，再推演到筏基低标高，得到新谱使用。

值得关注的是，核电厂的地震确定直接关系到电厂的安全性和经济性水平，从汶川地震以及日本新潟地震看，实测厂址场地的地震加速度大幅度超越预期是客观现实，出于安全考虑，根据美国和日本对核电厂抗震和设计的经验，考虑适当的裕度是很有必要的。

7.3.2　时程

对于核电厂设计输入地震动时程，不同的规范要求有所不同。中国法规标准中，对时程有所提及的有核安全导则《核电厂厂址选择中的地震问题》(HAD101/01)和国家标准《核电厂抗震设计规范》(GB 50267-97)。HAD101/01 主要是以国际原子能机构 IAEA 早期的安全导则 50-SG-S1 为蓝本，并考虑中国的实际情况修编而成的。

目前，IAEA 已经将安全导则升版为新导则 NS-G-3.3。GB 50267 则是借鉴了国内外多部法规标准的技术要求，并结合中国具体情况编制而成，该标准在合成人工地震动时程上也做了一定的要求，目前该标准也在升版中。美国涉及地震动时程的法规主要有美国核管会 NRC 的标准审查大纲 NUREG-0800 和美国土木工程师学会的《核安全相关结构和部件的抗震分析》(ASCE4-16)以及《核设施结构、系统和部件的地震设计标准》(ASCE43-05)。表 7-4 对中美两国法规标准针对地震动时程的要求进行了对比。

表 7-4　中美不同法规对地震动时程生成的规定

	HAD 101/01	GB 50267-97	NUREG-0800	ASCE4-16	ASCE43-05
时程组数	时程数量取决于所使用的分析模式	不少于 3 组	单组，或者多组，多组时不少于 4 组	不少于 5 组	线性分析无规定
分析方式	线性分析	线性分析	规定线性分析可采用单组或多组，如果采用多组，需要至少 4 组时程，结果取 4 组平均值；如果非线性分析，只能采用多组，应采用大于 4 组时程，或者大于 7 组时程，如果时程数量 5~6 组，则计算结果取包络值，如果时程组数大于等于 7 组，则计算结果取平均值	线性分析	非线性分析不少于 30 组
间隔或时程的持时	时程持时主要取决于断层破裂的长度和速度	地震动时程应满足时间过程包络函数	总持续时间大于等于 20 s，强震持时从总能量的 5%~75%	与震级和距离有关，没有具体规定	较短的时间间隔，强震持时从总能量的5%~75%
目标频率段	无规定	0. 2~33 Hz	0. 2~22 Hz，或较高频率	0. 5~34 Hz	大于等于 50 Hz
反应谱频率控制点	无规定	不少于 75 个控制点	方法 1：不少于 71 个控制点 方法 2：同 ASCE43-05	72 个控制点或选点是上一频率 10%范围内的点	对于 5%阻尼比的目标谱，每 10 Hz 至少 100 个点

续表

	HAD 101/01	GB 50267-97	NUREG-0800	ASCE4-16	ASCE43-05
包络目标反应谱	时程曲线和设计反应谱相匹配	低于目标谱的控制点不多于5个，相对误差不超过10%，且反应谱控制点处纵坐标总和不低于目标反应谱值	方法1：人工时程反应谱曲线上不能有多于5个点低于目标反应谱10%； 方法2：各时程平均反应谱与目标反应谱在任意频率点比值不小于1，其他同ASCE43-05	各时程平均反应谱与目标反应谱在任一频率点比值大于等于1，且各时程平均反应谱在任一频率点的值不低于目标反应谱10%	0.2～25 Hz内任一频率点不能低于5%阻尼比目标反应谱10%，且不能超过3%，在较宽频段内，所选频率点左右10%内均不能低于5%阻尼目标谱
功率谱密度包络目标谱功率谱要求	无规定	无规定	在0.3～24 Hz内，合成时程谱大于目标谱功率谱密度函数80%	合适的功率谱密度，在重要频率点应有足够的能量，但未做具体要求	0.2～25 Hz，人工时程在任一频率点超过5%阻尼目标反应谱值30%，则其时程功率谱密度在其他频率范围内不能有能量空白频率点
包络的阻尼比个数	时程曲线与不同阻尼值范围的反应谱匹配	包络阻尼比为5%～20%的目标谱	地震分析中用到的所有阻尼比	无规定	无规定
时程相关性系数	无规定	无规定	时程的相互关系数小于等于0.16	时程的平均相互关系数小于等于0.16，相关系数小于等于0.3	
生成时程的方法	可以使用数值模拟或调整实际地震动记录	可以使用数值模拟或调整实际地震动记录	单组时程可以使用数值模拟或者调整实际地震动记录，多组时程，必须使用实际地震动记录	需要根据实际地震动记录	需要根据实际地震动记录

7.4 结构模型化方法

场地条件对地震波的传播有很大影响，核电厂抗震 1 类结构抗震设计和动力分析需要考虑土-结构相互作用分析，只有当地基岩土的剪切波速大于 2400 m/s，或者地基刚度大于上部结构刚度两倍时，可以不考虑地基与结构相互作用。因此抗震分析的模型包括上部结构模型和地基岩土模型。

7.4.1 建模总要求

结构抗震分析的模型，总体上要根据分析的目的和采用的方法确定分析模型，动力分析的基本要求是分析模型能够如实反映结构的质量和刚度信息。模型通常可采用简化的集中质量模型或者三维有限元模型。

集中质量模型即采用杆单元和质量点单元模拟结构，实际结构的集中质量模型化过程需要能够准确反映楼层刚度和质量信息，完成集中质量点模型的建模工作后，需验证模型的准确性，以保证后续分析结果的可靠性。结构在动荷载下的响应规律与结构的动力特性有关，结构的动力特性包括结构的自振频率、阻尼系数和振型等，为验证集中质量点模型的正确性，通常的做法是将集中质量点模型和三维有限元模型进行模态计算，得到结构的自振频率，将两种模型的频率进行对比，若两者吻合得较好，则表明用此集中质量模型代替三维有限元模型进行后续时程分析是可行的。采用集中质量模型可以快速得到结构的动力特性，但是无法获取结构的应力和内力。

随着计算机技术的发展，计算能力已经基本不再是确定分析方法和模型的制约，目前在核电厂抗震分析中，更加广泛地直接采用三维有限元分析模型，三维模型可以更加真实地反映结构的质量和刚度分布，使用三维模型不仅可以得到整体的动力响应，同时可以获取感兴趣的结构构件的应力和内力。

7.4.2 材料参数

核电厂上部结构采用的混凝土、钢筋、钢材等材料根据国内现行相关规范标准取用。抗震分析中使用到的地基岩土材料参数主要包括地基岩土的剪切波速、剪切模量、密度、泊松比和岩土的阻尼比，上述地基岩土的材料特性通过场地地基勘察获得。需要注意的是，具体厂址需要考虑地基岩土参数不确定性，即考虑岩土参数的最佳估值，上限和下限值。如果勘察报告提供了这些数据，则直接采用，如果岩土勘察报告仅提供了最佳估值，则可根据取最佳估值的 2/3 和 3/2 作为下限和上限，分别计算后，取三种地基岩土参数计算结果的包络值作为最终结果。

针对结构的阻尼比，我国《核电厂抗震设计规范》规定的结构阻尼比取值如表 7-5所示。

表 7-5　GB 50267-97 规定的阻尼比

物项	运行安全地震动	极限安全地震动
设备	0.02	0.04
焊接钢结构	0.02	0.04
螺栓连接钢结构	0.04	0.07
预应力混凝土结构	0.03	0.05
钢筋混凝土结构	0.05	0.07
电缆支架	—	0.10

该阻尼比的取值只与结构材料和地震设计基准有关。实际上，阻尼作为材料特性，与结构构件所处的应力状态密切相关，应力状态越高，表明结构开裂程度明显，对应结构的耗能能力增强，对应的材料阻尼比越大。反之，结构的应力状态较低，材料处于弹性状态，开裂不明显，此时结构材料的阻尼比较小。

按照美国 ASCE4-16 的建议，在进行厂房动力分析和楼层反应谱计算时，需要根据结构的应力状态确定相应结构构件的阻尼比，如表 7-6 所示。

表 7-6　ASCE4-16 规定的阻尼比

结构类型	Level 1	Level 2	Level 3
焊接铝结构	0.02	0.04	0.04
焊接以及摩擦型螺栓连接钢结构	0.02	0.04	0.07
承压型螺栓连接钢结构	0.04	0.07	0.10
预应力混凝土结构	0.02	0.05	0.07
钢筋混凝土结构	0.04	0.07	0.10
配筋砌体剪力墙结构	0.04	0.07	0.10

对于 Level 1，混凝土墙板，梁和柱，没有明显开裂，混凝土梁和柱的应力低于50%的构件名义强度，对于剪力墙，平均剪应力应低于 $3\sqrt{f'_c}$，f'_c 是混凝土 28 天名义抗压强度。

对于 Level 2，混凝土墙板，梁和柱，混凝土梁和柱的应力高于 50%的构件名义强度，对于剪力墙，平均剪应力大于 $3\sqrt{f'_c}$，f'_c 是混凝土 28 天名义抗压强度。

对于 Level 3，结构处于 ASCE43-05 定义的 A，B 或 C 状态，即有限的永久变形和永久性大变形状态。此时采用 Level 3 对应的阻尼比。

在生成楼层反应谱时，为了简化计算，避免迭代，可以直接采用 level1 级别的阻尼比，否则应进行迭代计算，根据应力状态确定结构阻尼比。需要注意的是，阻尼比对于结构的动力响应影响比较大，对于基岩场地，土-结构相互作用模型的阻尼比主要体现在上部结构的阻尼比上，此时采用 Level 1 或 Level 2 的阻尼比，会导致结构楼层反应谱产生比较大的差异，楼层反应谱是核电厂进行设备设计和鉴定的抗震输入，其结果的可靠性和保守度直接影响电厂的安全性和经济性，在实际设计中，需要详细论证。

针对核安全相关的土建结构，结构的受力状态需满足其对应的安全功能要求。在进行线性抗震分析时，需根据各结构构件的安全功能要求，确定其受力状态，进而确定阻尼比值。如核安全相关的钢筋混凝土水池结构，在地震作用下需要执行的安全功能是保持水密性，针对水池构件，其受力状态可确定为弹性，采用 Level 1 对应的阻尼比值。

7.4.3 刚度模拟

核电厂抗震分析模型需要合理模拟结构的刚度，一般通过结构构件的截面信息和材料参数，有限元分析软件可以自动计算获取构件和结构的刚度。需要注意的是刚度的折减。

对于计算结构的楼层反应谱，由于在楼层反应谱后处理过程中考虑了±15%的峰值拓宽，因此结构刚度的不确定性已经得到了一定程度的考虑，则计算楼层反应谱的时候不需要单独对刚度进行调整。对于结构构件抗震设计，则需要考虑结构刚度的折减，通常可按照表 7-7 考虑。

表 7-7　ASCE4-16 规定的刚度折减系数

结构构件	抗弯刚度	抗剪刚度	轴向刚度
非预应力受弯构件、梁、墙、板构件平面外性能	$0.5E_CI_g$	G_CA_W	
预应力受弯构件	E_CI_g	G_CA_W	
受压柱	$0.7E_CI_g$	G_CA_W	E_CA_g
受拉柱、平面内受弯、平面内剪力墙抗剪	$0.5E_CI_g$	G_CA_W	E_sA_s
非开裂	E_CI_g	G_CA_W	E_CA_g
开裂	$0.5E_CI_g$	$0.5G_CA_W$	E_CA_g

注：I_g= 截面惯性矩，A_W= 面积，A_g=混凝土截面面积，A_s=钢筋截面面积，E_C=混凝土弹性模量，E_s=钢材弹性模量，G_C=混凝土剪切模量，$G_C=0.4\ E_C$

7.4.4 质量模拟

核电厂抗震分析模型的质量模拟包括结构的自重和附加质量模拟，结构自重通过结构构件的几何尺寸和密度，通过有限元软件可以自行获取，附加质量包括设备质量、水池中水的质量、电缆管道等附加质量。质量的模拟一般通过均布质量或者集中质量的方式实现，对于水池中水的质量，进行厂房动力整体分析时，可以将水的质量等效到水池侧壁和底板上。

对于设备质量的模拟，需要按照本书 7.4.5 节的解耦准则首先判断能否解耦分析，满足解耦条件的，可直接将设备质量按照质量点的方式施加到模型节点上。若不满足条件，则需要建立设备子模型，与结构主模型耦合分析。

7.4.5　解耦准则

在核电厂抗震设计中，主体结构可作为主体系，其他被支撑的结构、系统和部件可作为子体系。通常情况下，主体系和子体系需要考虑耦合计算，主要是两个体系之间的相互偶联对体系的动力响应带来不可忽略的影响。只有当符合以下情况时，主体系和子体系可不做耦合计算[7-12]：

$$\lambda_m < 0.01 \tag{7-1}$$

$$0.01 \leqslant \lambda_m \leqslant 0.1，且\ \lambda_f \leqslant 0.8\ 或\ \lambda_f \geqslant 1.25 \tag{7-2}$$

式中：

λ_m——子结构总质量与主结构总质量的比值；

λ_f——子结构基本频率与主结构主导频率的比值。

当子体系可视作刚体，同时与主体系保持刚性连接情况下，仅考虑子体系的质量对主体系的影响即可；另一方面，当子体系与主体系采用柔性连接情况下，比如管道的铰接连接等，则也可以仅考虑子体系的质量对主体系的影响。

7.4.6　边界条件

对于考虑土-结构相互作用分析的抗震分析模型，地基土的模拟重点在于对无限地基辐射效应的模拟，采用不同的分析方法进行分析时，地基的模拟方式不同，在核电厂抗震分析中，通常采用的模拟方法有三种：

（1）采用弹簧-阻尼单元模拟，即为集总参数法；

（2）采用边界元法，将地基离散，然后通过格林函数求解基础散射函数和地基阻抗函数，从而来进行动力分析；

（3）采用有限元法进行分析时，则建立二维或三维地基模型，并施加人工边界进行模拟。

表 7-8　各类地基模型的适用范围

模拟方法	适用范围
集总参数法	均质地基
边界元法	均质地基、成层地基
有限元法	均质地基、成层地基、复杂地基

7.5 结构抗震分析

核电厂结构抗震分析主要有两方面的内容：一是求解各楼层的反应谱，用于设备抗震设计；二是求解结构和构件的内力，并与其他荷载工况进行组合，用于构件设计。进行核岛结构整体抗震分析时的主要方法有：时程法，反应谱法和等效静力法。在计算时，根据分析内容的不同则采用相应的分析方法。通常情况下，抗震1类结构应采用反应谱法或时程分析法，当有充分论据保证安全时也可以采用等效静力法。三种方法的适用范围如表7-9所示。

表7-9 结构整体分析方法和应用范围

计算方法	分析内容	
时程法	楼层反应谱	结构及构件内力
反应谱法	—	结构及构件内力
等效静力法	—	结构及构件内力

7.5.1 反应谱法

核电厂结构抗震分析的反应谱分析法基本过程与常规民用建筑结构反应谱分析法一致。分为模态分析、模态组合和方向组合几个主要步骤。模态计算要考虑足够的振型数以保证包含主要振型。结构在激励下每个方向的各振型累计参与质量占总质量的比例达到一个规定值。对结构而言，此比例通常为90%。考虑选取的模态的有效参与质量不能低于90%，但过度选择模态参与计算，在反应谱组合时会耗费大量的计算时间而难以实现，同时为保证准确性，应考虑残余质量的作用效应。假定各振型的响应是拟静力且同相的，模型每个节点上的剩余质量(未在被考虑振型中包括的质量)与实际计算达到的截止频率对应的设计输入加速度相乘，作为施加于结构上的刚体力。

对于振型组合，可采用以下两种方法。

(1)当两个振型的频率差的绝对值与其中一个较小的频率之比不大于0.1时，应取此两振型最大反应值的绝对值之和与其他振型的最大反应值按平方之和的平方根(SRSS)进行组合；

(2)当振型较为密集时，应采用完全二次型组合(CQC)进行组合。

各方向独立进行分析后，由于地震力在各个方向不可能同时达到最大，因此需要考虑方向组合。方向组合可采用下列两种方法：

（1）SRSS 法，平方和开平方法；

（2）Newmark 组合法，设 R_{DX}、R_{DY}、R_{DZ}为考虑方向组合后 X、Y、Z 三个方向的设计值，$R_{DX}=\pm1.0R_x\pm0.4R_Y\pm0.4R_z$，$R_{DY}=\pm0.4R_x\pm1.0R_Y\pm0.4R_z$，$R_{DZ}=\pm0.4R_x\pm0.4R_Y\pm1.0R_z$，$R_x$，$R_Y$，$R_z$为在 X、Y、Z 方向上的地震反应。

NEWMARK 方法在方向组合中可替代 SRSS 方法，根据文献[15]的对比分析，采用 NEWMARK 方法获取的结果比 SRSS 方法更加保守，组合后地震响应比 SRSS 组合大概高出 16%左右。

7.5.2 时程分析法

采用时程分析法时，采用反应分量时间过程的最大值进行设计。与反应谱法相比，时程分析法去掉了部分保守度，同时考虑到地震动时程的不确定性，因此需要考虑多组时程计算，并作相应的后处理。

根据 ASCE4-16 规定需要采用 5 组时程，计算结果取 5 组平均值。NUREG 0800 3.7.1 规定线性分析可采用单组或多组，如果采用多组，需要至少 4 组时程，结果取 4 组平均值；如果非线性分析，只能采用多组，应采用大于 4 组时程，或者大于 7 组时程，如果时程数量 5~6 组，则计算结果取包络值，如果时程组数大于等于 7 组，则计算结果取平均值。中国国家标准《核电厂抗震设计规范》规定需要采用至少 3 组时程。

7.5.3 等效静力法

当结构可以简化为简单模型的时候也可以使用等效静力法进行结构抗震设计。根据 ASCE4-16，等效静力可按照如下公式得到：

$$V=\alpha S_{peak}W \tag{7-3}$$

式中：

V=等效静力；

α=动力放大系数：对于单点支撑的系统取 1.0，对于多点支撑的系统取 1.5；

S_{peak}=设计谱的峰值加速度；

W=结构的等效质量。

当系统可以简化为刚体时，可以采用支撑位置的零周期加速度代替反应谱的峰值加速度。采用拟静力法计算结构时，将楼层最大加速度按照惯性力方式分方向施加到结构上，再按照 SRSS 或者 NEWMARK 方法进行方向组合。

7.6 基于性能设计的抗震分析简介

基于性能的抗震设计(Performance-based Seismic Design)理论最早是新西兰学者Park于1976年提出的，其中包含了很多性能设计的初始理念。一直到20世纪90年代美国科学家和工程师系统化研究建筑结构基于性能/位移的抗震设计，并最早应用于桥梁的抗震设计中。此后基于性能的抗震设计得到各国的广泛关注和研究。

2005年，美国土木工程师协会出版了可用于核电厂性能设计的规范，*Seismic Design Criteria for Structures, Systems, and Components in Nuclear Facilities*(ASCE 43-05)。在我国的国家标准《建筑抗震设计规范》(GB 50011—2010)首次引入了建筑物性能化的设计。同样针对核电厂，我国出台能源行业标准《核设施结构基于性能抗震设计方法规程》(NB/T 20488—2018)，正式在核电厂的抗震设计中给出了相关的要求和设计方法。

基于性能的抗震设计的基本思想是使被设计的建构筑物在使用寿命中遭受一定的地震作用下，满足预定的功能或性能目标要求。

采用基于性能的抗震设计主要包括6个步骤：

(1) 根据核设施结构的用途、物项失效可能产生的后果严重性，分别从对工作人员、公众和环境三方面的影响来确定抗震设计分类(SDC)和极限状态(LS)分级，确定性能目标的抗震设计基准(SDB)，分别见表7-10~表7-12。

表7-10 抗震设计分类

分类	SSC失效的后果严重程度		
	工作人员	公众	环境
SDC-1	放射性/毒性暴露可能使工厂工作人员的长期健康存在担忧	放射性/毒性暴露在公众场合不会引起健康问题，但可能要求采取应急措施来保证公众安全	不会有长期的环境后果，但是可能要求一段时间的环境监测
SDC-2	放射性/毒性暴露可能导致接近危险材料源的工作人员长期健康问题和可能丧失生命，或使设施现场附近的工作人员处于危险	放射性/毒性暴露可能对在撤离区域范围内2小时的个人产生长期健康问题	要求环境监测，且污染物移除时潜在可能从选定区域临时撤离

续表

分类	SSC 失效的后果严重程度		
	工作人员	公众	环境
SDC-3	放射性/毒性暴露可能导致设施内的工作人员丧失生命	放射性/毒性暴露很可能导致在撤离区域范围内暴露 2 小时的个人丧失生命	要求环境监测，且潜在可能从污染的选定区域永久撤离

表 7-11 极限状态下变形

极限状态	变形极限	功能要求
LS-A	大的永久变形，接近倒塌，但不会影响其他 *SSC* 的安全功能。 严重破坏	地震后允许人员通行的建筑结构
LS-B	中等程度永久变形，包括对结构完整性和密封性的考虑。 通常可修复的损坏	不能损坏至丧失执行其安全功能的能力，如消防站、医院或其他应急反应建筑等
LS-C	有限的永久变形 轻微损坏	(1)放射性或危险物质的限制屏障； (2)与 LS-D 类 SSC 存在空间相互影响的结构； (3)地震后需要启动或改变状态的能动设备。
LS-D	本质上表现为弹性 无损坏	(1)容有大量放射性或危险性材料的安全壳； (2)执行安全功能的 SSCs，在地震中和地震后要求保持其初始强度和刚度以满足安全、任务或运行要求(例如核电厂抗震 *I* 类结构，需要保持密封性的结构等)。

表 7-12 抗震设计基准分类

抗震性能设计分类	极限状态			
	LS-A 永久大变形 (临近倒塌)	LS-B 永久中等变形	LS-C 永久小变形	LS-D 本质上弹性
SDC-1	SDB-1A	SDB-1B	SDB-1C	SDB-1D
SDC-2	SDB-2A	SDB-2B	SDB-2C	SDB-2D
SDC-3	SDB-3A	SDB-3B	SDB-3C	SDB-3D

（2）根据不同抗震设计分类的概率目标性能指标，见表 7-13，结合地震风险一致反应谱，来确定用于性能抗震设计的设计基准反应谱。

表 7-13　概率目标性能指标

	抗震性能设计分类(SDC)		
	SDC-1	SDC-2	SDC-3
概率目标性能指标(P_F)	1×10^{-4}	4×10^{-5}	1×10^{-5}

（3）根据以上设计基准，采用适当的结构体系、设计方法等分别按地震效应组合和非地震效应组合来计算总的荷载效应。设计方法可以采用目前通用的线性等效静力分析、线性动力分析、复频率反应法或非线性动静力分析方法等等。这些分析方法已经广泛地应用在核电厂的抗震设计中。

（4）根据材料的强度、结构的位移等指标来评估厂房的承载能力。这部分的评估也同样结合现有规范的强度、位移计算方法来进行。

（5）从强度和变形两方面分别来进行验收准则的评价。验收准则与以往的抗震计算不同的是，基于性能的设计重新制定了不同极限状态下的位移限值，以及不同构件在不同极限状态下的塑性变形能力要求，这样，可以充分体现出性能设计能够满足不同的性能目标要求。层间位移限值和构件转角限值见表 7-14～表 7-15。

表 7-14　按极限状态及结构体系的允许层间位移限值

极限状态		允许位移限值 γ_a			
		LS-A	LS-B	LS-C	LS-D
钢筋混凝土抗弯框架①		0.025	0.015	0.010	0.005
钢筋混凝土剪力墙平面内弯曲控制墙，$h_w/l_w\geqslant2.0$	$f_v>0.46\sqrt{f_{cuk}}$ ②	0.008	0.006	0.004	0.004
	$f_v<0.23\sqrt{f_{cuk}}$ ②	0.010	0.008	0.005	0.005
剪力控制墙，$h_w/l_w<2.0$		0.0075	0.006	0.004	0.004
钢结构抗弯框架①		0.035	0.025	0.010	0.005
支撑钢框架	中心	0.020	0.013	0.005	0.005
	偏心	0.030	0.017	0.005	0.005

注：①表中采用的钢筋混凝土抗弯框架、钢结构抗弯框架体系要求设计为能够承受较大非弹性变形的抗弯框架结构。

②表中 f_{cuk} 单位：MPa

表 7-15　非线性分析允许转动限值

极限状态			允许非线性铰转动角度 θ_A[①]		
			LS-A	LS-B	LS-C
钢筋混凝土抗弯框架[②]	梁	($l/h \geqslant 15$)	0.020	0.010	0.005
		($l/h \leqslant 10$)	0.010	0.007 5	0.005
	柱		0.005	0.002 5	0.000
钢结构抗弯框架[②]	梁与柱	$P<0.2P_y$	0.030	0.017	0.004
	柱	$P=0.3P_y$	0.021	0.012	0.004
	柱	$P=0.4P_y$	0.013	0.009	0.004
	柱	$P=0.5P_y$	0.006	0.005	0.004
	柱	$P>0.5P_y$	0.000	0.000	0.000

注：①LS-D 时 $\theta_A=0.0$；

②表中采用的钢筋混凝土抗弯框架、钢结构抗弯框架体系要求设计为能够承受较大非弹性变形的抗弯框架结构；

③l/h 和 P 中间值对应的转动限值可采用线性插值法确定。

（6）采取满足结构延性的基本构造要求。这方面的要求大多已经在以往的抗震设计中采用。主要差异的一点，是精细化平衡抗侧力体系中各个构件的设计裕量，这样就避免出现局部短板或局部过度设计。

7.7　地震组合的优化方法

结构部件一般会承受多种内力(如轴力 N、剪力 V、弯矩 M)的影响，按照通常的振型分解反应谱方法，不考虑这些内力幅值间“是否同时发生”的因素，而分别基于SRSS、CQC法，进行振型内力的组合。某种程度上，人为夸大了总体载荷作用，如果作为配筋的内力依据，计算结果将过于保守，有进一步优化的可能性。

近年来，动力学相关领域研究中，建议了一种基于振型谱响应结果的极值包络图分析方法，在确定结构部件总体内力方面更为合理。

在结构的抗震设计中振型分解反应谱方法的应用比较普遍。在地震作用下一般采用平方和开方的方法(SRSS)求得结构的地震响应：

$$R_{\mathrm{e}} = \pm(R_{in}R_{in})^{1/2} \tag{7-4}$$

R_{e} 为结构响应值，可为位移、应力、应变、轴力或弯矩，R_{in} 为第 i 方向($i=X$，Y，Z)激励所引起的第 n 阶振型的最大响应值。

式(7-4)及本节下面的公式中出现的重复下角标表示求和，如式(7-4)中 $R_{in}R_{in}=\sum_{i}\sum_{n}(R_{in})^2$，对于频率相近的各阶振型所产生的作用效应，通过引入相关系数 $\varepsilon_{\mathrm{mn}}$ 对式(7-4)进行修正，得到完全二次型方根(CQC)法。

$$R_{\mathrm{e}} = \pm(\varepsilon_{mn}R_{im}R_{in})^{1/2} \tag{7-5}$$

式(7-4)及式(7-5)仅给出地震作用过程中各量可能的最大值，但是通常情况下这些最大值并不会在同一瞬时发生，反应谱法实际是对上限进行组合，这种组合方法有时偏于保守。

传统的振型组合主要是SRSS、CQC模式，此类方法虽然理论较为成熟，计算相对简单，现实中，各阶振型之间的极值响应并非于同一时刻发生。若应用此类方法对内力 N、M 分别进行组合，而不考虑二者之间的相关性问题，经过工程实践，发现此类计算在工程实践中很有可能会高估应力结果。而在求解结构响应时候，上述两种方法割裂了各阶模态之间的组合关系，不能给出各阶振型地震反应的整个过程，也不能给出各阶模态组合工况下的应力以及变形反应，因此上述两类方法的组合结果较为保守。

Gupta所提出的极值包络图方法可用来求解同一瞬时所发生的最大值，极值包络图分析法的基本原理可以受轴力和单轴弯矩共同作用的直梁为例进行说明，如图7-3所示，最大拉压应力为

$$\sigma = \frac{N}{A} \pm \frac{M}{Z} \tag{7-6}$$

式中：

A——截面积；

Z——弯曲截面系数。

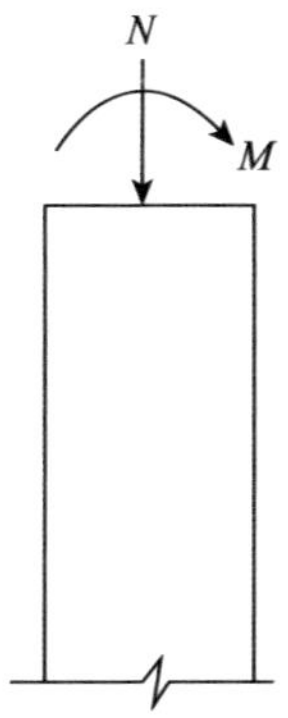

图 7-3 直梁受轴力和单轴弯矩作用

地震作用下，给定方向上某一阶振型产生的应力为

$$\sigma_{in}=\frac{N_{in}}{A}\pm\frac{M_{in}}{Z} \tag{7-7}$$

得到

$$\sigma_e^2=\frac{n^2}{A^2}+\frac{m^2}{Z^2}\pm 2\frac{l^2}{AZ} \tag{7-8}$$

式中：

$$n^2=\varepsilon_{mn}N_{im}N_{in}，\ m^2=\varepsilon_{mn}M_{im}M_{in}，\ l^2=\varepsilon_{mn}N_{im}M_{in} \tag{7-9}$$

令 $\sigma=\sigma_e$，则

$$\left(\frac{N}{A}\pm\frac{M}{Z}\right)^2=\frac{n^2}{A^2}+\frac{m^2}{Z^2}\pm 2\frac{l^2}{AZ} \tag{7-10}$$

展开得

$$Z^2N^2\pm 2MN\cdot AZ+M^2A^2=n^2Z^2+m^2A^2\pm 2l^2AZ \tag{7-11}$$

令

$$F(A,\ Z)=(N^2-n^2)Z^2\pm 2(MN-l^2)AZ+(M^2-m^2)A^2=0 \tag{7-12}$$

由式(7-12)可得

$$(M^2-m^2)\left(\frac{A}{Z}\right)^2\pm 2(MN-l^2)\left(\frac{A}{Z}\right)+N^2-n^2=0 \tag{7-13}$$

令$\left(\frac{A}{Z}\right)=\alpha$，则

$$F=(M^2-m^2)\alpha^2\pm 2(MN-l^2)\alpha+N^2-n^2=0 \tag{7-14}$$

式(7-14)对 α 求导

$$F_\alpha=2(M^2-m^2)\alpha\pm 2(MN-l^2)=0 \tag{7-15}$$

由式(7-15)得

$$\alpha=\frac{\mp(MN-l^2)}{M^2-m^2} \tag{7-16}$$

将式(7-16)代入式(7-14)

$$\frac{(MN-l^2)^2}{M^2-m^2}-2\frac{(MN-l^2)^2}{M^2-m^2}+N^2-n^2=0$$

即

$$m^2N^2+n^2M^2-2MNl^2=m^2n^2-l^4 \tag{7-17}$$

式(7-17)为地震作用下梁内力(轴力和弯矩)曲线方程。此曲线为椭圆，如图 7-4 所示。可以看出，椭圆位于 $N=\pm n$ 和 $M=\pm m$ 的框线之内，对抗震设计有意义的 N 和 M 代表性极值点的坐标为 $(n,\ l^2/n)$，$(l^2/m,\ m)$，$(-n,\ -l^2/n)$，$(-l^2/m,\ -m)$。n 和 m 即通常所说的轴力和弯矩的 SRSS 值，很明显这两个值并不是同时出现的，亦即，轴力 N 达到极值 n 时，弯矩 M 小于其极值 m；弯矩 M 达到极值 m 时，轴力 N 小于其极值 n。椭圆曲线上任一点给出了一对同时出现的 N 和 M 值，根据这一对 N 和 M 可求所有可能的应力值。

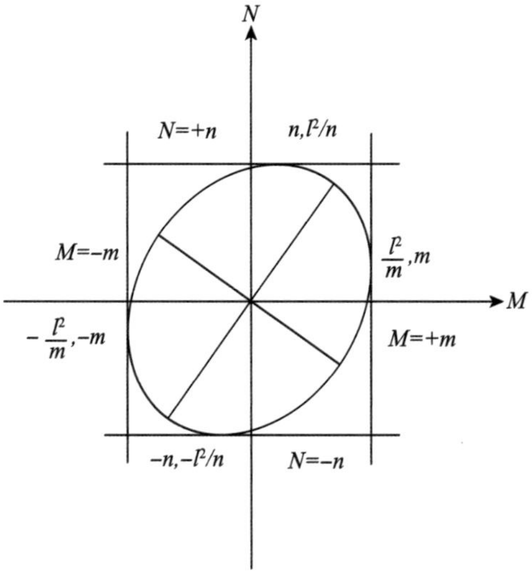

图 7-4　N、M 极值的包络曲线

文献[18]分析表明，采用包络圆方法进行地震力组合计算的配筋，比 SRSS 或 CQC 方法得到的结果小 10%左右。在核电工程项目抗震设计中，可以考虑采用该优化的地震组合方法。

参考文献

[1] HAD 102/02，核电厂的抗震设计与鉴定. 1996.
[2] HAD 101/01，核电厂厂址选择中的地震问题. 1994.
[3] GB 50267—97，核电厂抗震设计规范. 1997.

[4] 姚伟达，张明，秦承军. 先进轻水反应堆业主要求文件(ALWR—URD)中对核电厂抗震设计要求. 2004. 03.

[5] 10 CFR 50 Appendix S "Earthquake Engineering Criteria for Nuclear Power Plants" August 31 2010.

[6] RG1. 61 Damping Values for Seismic Design Of Nuclear Power Plants.

[7] IAEA, Seismic Hazards in Site Evaluation for Nuclear Installations, SSG-9, 2010 SSG9.

[8] European Utility Requirements for LWR Nuclear Power Plants, Rev. D, 2012.

[9] RG1. 60 Design Response Spectra for Seismic Design Of Nuclear Power Plants, 2014.

[10] 夏祖讽. 对我国核电厂设计地震确定的理性思考. 2009.

[11] SRP3. 7. 1 Seismic Design Parameters, 2014.

[12] SRP3. 7. 2 Seismic System Analysis, 2013.

[13] ASCE4-16 Seismic Analysis Of Safety-Related Nuclear Structures, 2017.

[14] ASCE43-05 Seismic Design Criteria for Structure, Systems, and Components in Nuclear Facilities, 2005.

[15] RG1. 92 Combining Modal Responses And Spatial Components In Seismic Response Analysis.

[16] GB/T 51390—2019 核电厂混凝土结构技术标准. 2019.

[17] 候春林. 核电厂结构抗震分析中不同规范要求引起的差异及影响研究. 2012.

[18] 付国涛. 重力坝抗震分析模型对比与影响研究. 2018.

[19] A. K. GUPTA and M. P. SINGH. DESIGN OF COLUMN SECTIONS SUBJECTED TO THREE COMPONENTS OF EARTHQUAKE[J]. Nuclear Engineering and Design 41 (1977) 129-133.

[20] Gupta A K. Rational and Economical Multicomponent Seismic Design of Piping Systems [J]. Journal of Pressure Vessel Technology, 1978, 100: 425-427.

[21] Gupta A K and Chu S L. Equivalent Model Response Method for Seismic Design of Structures[J]. Nuclear Engineering and Design, 1977, 44: 87-91.

第八章

构　造

8.1 概述

为保证建筑结构在规定的时间内，能完成所赋予的各项功能，结构构件的承载力和刚度尤为重要，但为保证构件承载力能得到充分发挥，结构的选型、选材、布置、连接更为重要，需要采取措施保证各构件之间和内部传力直接、明确、合理，并具有足够的耐久性，即为构造措施。核电厂设计以安全为第一考虑条件，可抵御各种异常工况和极端环境，地震作用是核电厂核安全相关混凝土结构的主要控制荷载。2012 年日本发生的强烈地震导致的福岛核事故，对日本乃至世界核电发展有着重要影响，引发了世界对核电安全的关注和再认识。因此，保证地震作用下核安全相关混凝土结构的安全性非常重要。地震的特点是不确定性大、作用强度高、动力特性复杂，通过概念设计和构造措施是保证结构安全性的重要手段。由于科学技术发展水平的不同及工程实践中掌握的经验不同，不同国家的对结构抗震采用的构造措施有一定差异。本章节通过对中国规范和美国《核安全相关混凝土结构规范》中关于核安全相关混凝土结构的抗震构造措施对比分析研究，给出了材料要求、钢筋锚固与链接、构件几何尺寸、配筋率、钢筋间距等构造措施方面对比结论。

因《压水堆和核电厂核安全有关的混凝土结构设计要求》(NB/T 20012—2010)关于混凝土结构抗震构造措施的内容比较少，本章节对比分析采用的中国规范主要有《建筑抗震设计规范》(GB 50011—2010)和《混凝土结构设计规范》(GB 50010—2010)，同时参考了《高层建筑混凝土结构技术规程》(JGJ 3—2010)。

8.2 材料要求

8.2.1 混凝土

(1) 中国规范

中国规范规定，具有抗震要求的混凝土结构材料应符合下列要求：

1)混凝土的最低强度等级，框支梁、框支柱及抗震等级为一级的框架梁、柱、节点核心区，不应低于 C30；构造柱、芯柱、圈梁及其他各类构件不应低于 C20；

2)混凝土的最高强度等级，抗震墙不宜超过 C60，其他构件，9 度时不宜超过 C60，8 度时不宜超过 C70。

(2) 美国规范

抗震构件混凝土抗压强度 不应小于 3000 psi(20.7 MPa)。

(3) 中美规范对比

表 8-1 中美规范抗震混凝土强度要求对比

规范	混凝土强度等级		适用构件
中国	最低	C20	构造柱、芯柱、圈梁及其他各类构件
		C30	框支梁、框支柱及抗震等级为一级的框架梁、柱、节点核心区
	最高	C60	抗震墙，9 度时其他构件
		C70	8 度时其他构件
美国	最低	C25	所有构件

由表 8-1 可以看出，美国规范相当的最低混凝土强度等级为 C25，处于中国规范构造柱、芯柱、圈梁及其他各类构件的 C20 和框支梁、框支柱及抗震等级为一级的框架梁、柱、节点核心区的 C30 之间；美国规范没有对混凝土的最高强度限值做出规定。

核电厂结构通常为钢筋混凝土墙板结构体系，且截面尺寸大，考虑大体积混凝土施工及核电设计经验，给出核安全相关钢筋混凝土结构混凝土强度等级不应低于 C30，预应力混凝土结构混凝土强度等级不应低于 C40。不宜使用强度超高 C60 的混凝土。

8.2.2 钢筋

(1) 中国规范

中国规范规定，对有抗震要求的结构，普通钢筋宜优先采用延性、韧性和焊接性较好的钢筋；普通钢筋的强度等级，纵向受力钢筋宜选用符合抗震性能指标不低于 HRB400 级的热轧钢筋，也可采用符合抗震性能指标的 HRB335 级热轧钢筋；箍筋宜选用符合抗震性能指标的不低于 HRB335 级的热轧钢筋，也可选用 HPB300 级热轧钢筋。

抗震等级为一级的框架和斜撑构件(含梯段)，纵向受力钢筋采用普通钢筋时，钢筋抗拉强度实测值与屈服强度实测值的比值不应低于 1.25；钢筋屈服强度实测值与屈服强度标准值的比值不应大于 1.3，且钢筋在最大拉力下的总伸长率实测值不应小于 9%。

(2) 美国规范

美国规范规定，框架构件和墙体中抵抗地震引起的弯矩和轴力的钢筋应符合 ASTM A706 标准的要求；当满足以下条件时，可使用 ASTM A615 标准中的 40 级、60 级、75 级和 80 级钢筋：

1)工厂实测屈服强度与 f_y 的差值不超过 125 MPa；

2)实测抗拉强度与实测屈服强度的比值不小于 1.25。

(3) 中美规范对比

表 8-2　中美规范抗震钢筋性能要求对比

<table>
<tr><th>钢筋类型</th><th>规范</th><th>钢筋牌号</th><th>抗拉强度实测值与屈服强度实测值的比值</th><th colspan="2">屈服强度实测值与屈服强度标准值的比值</th></tr>
<tr><td rowspan="5">纵向钢筋</td><td>中国</td><td>HRB335，HRB400 及以上</td><td>≥1.25</td><td colspan="2">≤1.3</td></tr>
<tr><td rowspan="4">美国</td><td>40 级(275 MPa)</td><td rowspan="4">≥1.25</td><td>≤1.45</td><td rowspan="4">平均 1.303</td></tr>
<tr><td>60 级(420 MPa)</td><td>≤1.3</td></tr>
<tr><td>75 级(520 MPa)</td><td>≤1.24</td></tr>
<tr><td>80 级(550 MPa)</td><td>≤1.225</td></tr>
<tr><td rowspan="2">箍筋</td><td>中国</td><td>HPB300，HRB335 及以上</td><td>—</td><td colspan="2">—</td></tr>
<tr><td>美国</td><td>60 级(420 MPa)</td><td>—</td><td colspan="2">—</td></tr>
</table>

由表 8-2 可以看出，中国规范与美国规范对钢筋抗拉强度实测值与屈服强度实测值比值最小值的要求相同；对于钢筋屈服强度实测值与屈服强度标准值比值的最大值，中国规范不区分钢筋强度，美国规范强度高的钢筋要求的比值小，但平均值与中国规范的基本相同；中国规范对箍筋强度的下限提出了要求，美国规范对箍筋的上限提出了要求。中美规范对钢筋材料性能要求基本相当。

考虑到核电厂的特殊要求，对钢筋的延性、可焊性、机械连接性能及施工适应性要求较高，所以本标准推荐选用 HRB 钢筋；部分区域和构件考虑到施工便利性，也可采用 HPB300。考虑核电厂地震安全的特殊重要性，推荐使用牌号带有“E”的具有良好延性和变形能力的钢筋。

8.3 钢筋锚固与连接

8.3.1 钢筋锚固

1. 中国规范

表 8-3 是 HPB300、HRB400、HRB500 牌号钢筋在混凝土等级从 C40、C50、C60 情况下的锚固长度。考虑到核电厂抗震设计的特殊重要性，抗震锚固长度统一按一级抗震等级考虑，即取 1.15 的锚固长度修正系数。表中考虑了钢筋直径的修正系数，未考虑涂层及施工扰动修正系数，f_y为钢筋抗拉强度设计值。

表 8-3 按 GB 50010 的钢筋锚固长度计算

钢筋牌号	f_y/MPa	混凝土等级	f_t/MPa	a	修正系数 d>25	抗震一级	基本锚固长度		抗震一级锚固长度	
							d>25	d≤25	d>25	d≤25
HPB300	270	C40	1.71	0.16	1.0	1.15	25 d		29 d	
	270	C50	1.89	0.16	1.0	1.15	23 d		26 d	
	270	C60	2.04	0.16	1.0	1.15	21 d		24 d	
HRB400	360	C40	1.71	0.14	1.1	1.15	32 d	29 d	37 d	33 d
	360	C50	1.89	0.14	1.1	1.15	30 d	27 d	35 d	31 d
	360	C60	2.04	0.14	1.1	1.15	28 d	25 d	32 d	29 d
HRB500	435	C40	1.71	0.14	1.1	1.15	40 d	36 d	46 d	41 d
	435	C50	1.89	0.14	1.1	1.15	35 d	32 d	40 d	37 d
	435	C60	2.04	0.14	1.1	1.15	33 d	30 d	38 d	35 d

为与美国 ACI 349 规范的计算方法二进行对比，针对核电厂中常用的直径 ϕ25、ϕ32、ϕ40 规格的钢筋，考虑保护层厚度 35 mm、50 mm 两种情况，计算了不同情况的钢筋锚固长度，其中混凝土强度等级取 C35，钢筋为 HRB400 级，抗震锚固长度按一级考虑。计算结果如表 8-4 所示。

表 8-4 按 GB 50010 的钢筋锚固长度计算实例

钢筋直径	保护层/mm	l_a/mm	修正系数 $d>25$	抗震一级	l_{aE}/mm
25	35	803	1.0	1.15	923
	50	803	1.0	1.15	923
32	35	1027	1.1	1.15	1300
	50	1027	1.1	1.15	1300
40	35	1284	1.1	1.15	1625
	50	1284	1.1	1.15	1625

2. 美国规范

美国规范给出了两种锚固长度计算方法.

计算方法一为：变形钢筋和钢丝的受拉锚固长度可按表 8-5 采用，且不得小于 300 mm。

表 8-5 美国规范变形钢筋或变形钢丝的抗震锚固长度

	钢筋布置情况	$d_b \leqslant 19.1$ mm	$d_b \geqslant 22.2$ mm
情况 1	锚固或搭接钢筋的净间距不小于 d_b，净保护层厚度不小于 d_b，并且沿 l_d 布置的箍筋不少于规范规定的最小值，或锚固或搭接钢筋的净间距不小于 $2d_b$，净保护层厚度不小于 d_b	$12\left(\frac{f_y\psi_t\psi_e}{25\sqrt{f'_c}}\right)d_b$	$12\left(\frac{f_y\psi_t\psi_e}{20\sqrt{f'_c}}\right)d_b$
情况 2	其他情况	$12\left(\frac{3f_y\psi_t\psi_e}{50\sqrt{f'_c}}\right)d_b$	$12\left(\frac{3f_y\psi_t\psi_e}{40\sqrt{f'_c}}\right)d_b$

表 5 中抗震锚固长度计算公式的参数取值如下：

(1)当水平钢筋锚固长度或搭接接头下有厚度大于 300 mm 的新浇筑混凝土层(上部钢筋)时取 $\psi_t=1.3$；对于其他情况(下部钢筋)，$\psi_t=1.0$；

(2)对于环氧涂层处理的钢筋或钢丝，当混凝土保护层小于 $3d_b$，或净间距小于 $6d_b$ 时，$\psi_e=1.5$。对于其他环氧涂层处理的钢筋或钢丝，$\psi_e=1.2$，对于无涂层钢筋 $\psi_e=1.0$。但 $\psi_t\psi_e$ 的乘积不能大于 1.7。

计算方法二为：

通用锚固长度计算公式。对于变形钢筋或者变形钢丝，l_d 可按式(8-1)计算

$$l_d=\left(\frac{3}{40}\frac{f_y}{\sqrt{f'_c}}\frac{\psi_t\psi_e\psi_s}{\frac{c_b+K_{tr}}{d_b}}\right)d_b \tag{8-1}$$

式中：$(c_b+K_{tr})/d_b$ 项应不大于 2.5，且 $K_{tr}=\frac{A_{tr}f_{yt}}{1500sn}$。其中，$n$ 为劈裂面上搭接或者锚固钢筋的根数。作为设计简化，可取 $K_{tr}=0$，该设计简化也适用于配置有横向钢筋的情况。

按计算方法一(表 5 公式)分别计算出 HPB300、HRB400、HRB500 牌号钢筋在混凝土等级从 C30~C60 情况下的锚固长度见表 8-6。

表 8-6　按计算方法一(表 8-5 公式)钢筋锚固长度计算

					情况 1		情况 2	
钢筋牌号	f_y/MPa	混凝土等级	f_{cu}/MPa	f'_c/MPa	$d>25$	$d\leq25$	$d>25$	$d\leq25$
HPB300	300	C40	40	30.4	32 d	26 d	49 d	39 d
	300	C50	50	38	29 d	23 d	44 d	35 d
	300	C60	60	45.6	26 d	21 d	40 d	32 d
HRB400	400	C40	40	30.4	43 d	35 d	66 d	52 d
	400	C50	50	38	38 d	31 d	59 d	46 d
	400	C60	60	45.6	35 d	28 d	54 d	42 d
HRB500	500	C40	40	30.4	53 d	43 d	82 d	65 d
	500	C50	50	38	48 d	39 d	74 d	58 d
	500	C60	60	45.6	44 d	35 d	67 d	53 d

按计算方法二，考虑保护层厚度 35 mm、50 mm，计算出 HRB400 牌号钢筋在混凝土等级 C35 情况下的锚固长度见表 8-7。

表 8-7　按计算方法二钢筋锚固长度计算

钢筋直径	保护层 /mm	顶部 l_d/mm	非顶部 l_d/mm
25	35	1178	906
	50	895	689
32	35	1796	1382
	50	1388	1068
40	35	2602	2002
	50	2045	1573

3. 中美规范对比

GB 50010 抗震一级锚固长度与美标规范计算方法一钢筋锚固长度对比分析见表 8-8。

表 8-8 对比分析 1(表 8-3 和表 8-6)

钢筋牌号	混凝土等级	ACI349 情况 1		ACI349 情况 2		GB 50010 抗震一级		GB/ACI (情况 1)		GB/ACI (情况 2)	
		d>25	d≤25	d>25	d≤25	d>25	d≤25	d>25	d≤25	d>25	d≤25
HPB300	C40	32 d	26 d	49 d	39 d	29 d	29 d	90.8%	112.1%	58.7%	74.8%
	C50	29 d	23 d	44 d	35 d	26 d	26 d	91.8%	113.4%	59.4%	75.6%
	C60	26 d	21 d	40 d	32 d	24 d	24 d	93.2%	115.1%	60.3%	76.7%
HRB400	C40	43 d	35 d	66 d	52 d	37 d	34 d	87.4%	98.1%	56.5%	65.4%
	C50	38 d	31 d	59 d	46 d	34 d	31 d	88.4%	99.2%	57.2%	66.2%
	C60	35 d	28 d	54 d	42 d	31 d	28 d	89.7%	100.7%	58.0%	67.2%
HRB500	C40	53 d	43 d	82 d	65 d	45 d	41 d	84.5%	94.8%	54.6%	63.2%
	C50	48 d	39 d	74 d	58 d	41 d	37 d	85.4%	95.9%	55.3%	64.0%
	C60	44 d	35 d	67 d	53 d	38 d	34 d	86.7%	97.4%	56.1%	64.9%

GB 50010 抗震一级锚固长度与美标规范计算方法二钢筋锚固长度对比分析见表 8-9。

表 8-9 对比分析 2(表 8-3 和表 8-7)

钢筋直径	保护层厚度	ACI 349 (非顶部筋)	ACI 349 (顶部筋)	GB 50010	GB/ACI349 (非顶部筋)	GB/ACI349 (顶部筋)
25	35	906	1178	923	101.9%	78.4%
	50	689	895	923	134.0%	103.1%
32	35	1382	1796	1300	94.1%	72.4%
	50	1068	1388	1300	121.7%	93.7%
40	35	2002	2602	1625	81.2%	62.5%
	50	1573	2045	1625	103.3%	79.5%

对比现行国家标准 GB 50010—2010 与现行美国标准 ACI 349，对构件底部筋的情形，按国标计算的锚固长度仅为按美标计算的 70%左右，如为顶部筋的情形，则大致为 50%左右(我国规范不计及顶部筋的不利影响)。因此在今后的核安全有关混凝土结构设计中，不宜直接采用现行国家标准 GB 50010 给出的锚固长度。考虑现行中国标准与美国标准锚固长度的差异，并考虑核安全相关混凝土结构中，构件的主筋直径一般

大于 25 mm，且一般采用三级及以上钢筋，因此当 HRB400 级及以上钢筋的直径大于 25 mm 时，对按 GB 50010 计算出的锚固长度进行适当增大，乘以修正系数 1.1~1.4。建议核电厂钢筋锚固长度执行如下要求。

表 8-10 《核电厂混凝土结构技术标准》中受拉钢筋抗震锚固长度 LaE

钢筋牌号 \ 混凝土强度等级		C30	C35	C40	C45	C50	C55	≥C60
HPB300		35d	32d	29d	28d	26d	25d	24d
HRB400 HRBF400 RRB400	d≤25	40d	37d	33d	32d	31d	30d	29d
	d>25	45d	40d	37d	36d	35d	33d	32d
HRB500 HRBF500	d≤25	49d	45d	41d	39d	37d	36d	35d
	d>25	54d	49d	46d	43d	40d	39d	38d

注：1）表中 d 为钢筋的公称直径；

2）当为环氧树脂涂层带肋钢筋时，表中数据尚应乘以 1.25；

3）当纵向受拉钢筋在施工过程中易受扰动（如滑模施工）时，表中数据尚应乘以 1.10；

4）对于构件顶部（指水平钢筋锚固或搭接区域下部有大于 300 mm 新浇混凝土的部位）钢筋，当带肋钢筋直径不小于 25 mm，且纵向受力钢筋的保护层厚度大于 d 且不小于 d+5 mm 范围时，表中数据尚应乘以 1.40；当保护层厚度大于 d+5 mm 且不小于 d+20 mm 时，表中数据尚应乘以 1.10；

5）对于非构件顶部钢筋，当带肋钢筋直径不小于 25 mm，且纵向受力钢筋的保护层厚度为 d~d+5 mm 范围时，表中数据尚应乘以 1.10；

6）若出现多项表中数据增大系数时，可按连乘计算。

8.3.2 钢筋连接

8.3.2.1 搭接

（1）中国规范

中国规范规定，抗震一级混凝土结构的抗震搭接长度应符合表 8-11 要求。

表 8-11 中国规范纵向受拉钢筋的抗震搭接长度

钢筋搭接接头面积百分率%	≤25	50	100
搭接长度	$1.2l_{aE}$	$1.4l_{aE}$	$1.6l_{aE}$

（2）美国规范

美国规范规定，有抗震要求混凝土结构的搭接长度应符合下列 A 类或 B 类接头的要求，同时不小于 300 mm。

A 类接头——$1.0l_d$

B 类接头——$1.3l_d$

其中，l_d 为美国规范中受拉钢筋的锚固长度。A 类接头是指同时满足以下两个条件的接头：

1）整个搭接长度范围内，实际配筋面积是计算配筋面积的 2 倍；

2）在要求的搭接长度范围内，搭接钢筋不超过全部钢筋的 50%。

（3）中美规范对比

参考前面钢筋抗震锚固长度的对比结果，以采用 C40 混凝土、配置直径为 20 mm 的 HRB400 钢筋的构件为例进行分析。

美国规范搭接长度为 A 类接头 $l_d=43.24d=43.24\times20=864.8$ mm，

中国规范此时应按搭接接头面积百分率小于 50%计算，$l=1.2l_{aE}=1.2\times34\times20=816$ mm。

B 类接头 $l=1.3l_d=1124.24$ mm；

中国规范搭接长度为 $l=1.4l_{aE}=952$ mm（按 50%搭接接头百分率计算）和 $l=1.6l_{aE}=1088$ mm。

由此可见，中美规范的钢筋搭接长度相差不多。核电厂钢筋搭接长度可执行中国标准。

8.3.2.2 机械连接

（1）中国规范

中国规范对有抗震要求钢筋混凝土构件中钢筋的机械连接要求如下：

1）纵向受力钢筋的机械连接接头宜互相错开。钢筋机械连接区段的长度为 35d，d 为连接钢筋的较小直径。凡接头中点位于该连接区段内的机械连接接头均属于同一连接区段；

2）位于同一连接区段的纵向受拉钢筋接头面积百分率不宜大于 50%，纵向受压钢筋的接头百分率可不受限制；

3）机械连接套筒的保护层厚度宜满足有关钢筋最小保护层厚度的规定，机械连接套筒的横向净距不宜小于 25 mm；套筒处箍筋间距仍然满足响应构造要求。

（2）美国规范

美国规范中对于有抗震要求的核安全相关混凝土结构中钢筋的机械连接规定如下：

1）完全机械接头应能使受拉钢筋的抗拉强度充分发挥，受拉时强度应能达到钢筋屈服强度的 f_y 的 1.25 倍；

2）当机械连接钢筋全长的应变超出无机械连接钢筋应变的 50%时，机械接头位置应错开。此时，在垂直钢筋的同一平面上机械连接的钢筋不应超过总数的 1/2，并且接头应至少错开 30 in（750 mm）。

（3）中美规范对比

中美规范要求基本相当。

核安全相关混凝土结构建议使用中国标准 1 级机械接头。钢筋接头面积百分率不宜大于 50%。

8.3.2.3 焊接

(1)中国规范

我国规范中对有抗震要求钢筋混凝土构件中钢筋的焊接有要求如下：

1)细晶粒热轧带肋钢筋以及直径大于 28 mm 的带肋钢筋，其焊接应经试验确定；余热处理钢筋不宜焊接；

2)纵向受力钢筋焊接接头应相互错开。钢筋焊接接头连接区段长度为，为连接钢筋的较小直径，凡接头中点位于该连接区段长度内的焊接接头均属于同一连接区段。

3)纵向受拉钢筋的接头面积百分率不宜大于 50%，但对预制构件拼接处，可根据实际情况放宽。纵向受压钢筋的接头百分率可不受限制。

(2)美国规范

美国规范要求具有抗震要求的核安全相关混凝土结构中钢筋的焊接应使得钢筋在受拉和受压时均能达到屈服强度。

考虑焊接连接不可控因素，核安全相关混凝土结构中受力主筋严禁采用焊接连接。

8.3.2.4 抗大型商用飞机撞击区域机械接头

第三代核电厂在设计和建造过程中，提出了抗大型商用飞机撞击的要求，以确保核安全相关混凝土结构的重要部位不受外部撞击事件的影响。抗大型商用飞机撞击区域钢筋用机械接头的生产厂家需要按照设计要求完成接头的瞬态冲击性能试验，并提供型式检验报告。目前此部分内容在中美规范中均没有正式条文规定。根据三代核电项目设计经验给出瞬态冲击性能试验要求为：将标距过的试件放在试验加载器的夹具之间，控制加载应变率为 1.0 s^{-1}，即加载速率 $V_0 = L_0$(mm/s)，L_0为夹具之间的长度(mm)，要求接头试件的破坏必须发生在钢筋母材上(即接头长度以外区域，接头长度定义为套筒长度加两边各两倍钢筋直径的范围)，最大力总伸长率 $A_{gt} \geqslant 5\%$。

8.4 梁

8.4.1 截面尺寸

(1) 中国规范

中国规范规定，钢筋混凝土框架结构中梁的截面尺寸符合下列要求。

1) 截面宽度不宜小于 200 mm；

2) 截面高宽比不宜大于 4；

3) 净跨与截面高度之比不宜小于 4。

(2) 美国规范

美国规范规定，钢筋混凝土框架中的梁截面尺寸符合下列要求：

1) 构件的净跨度 l_n 不能小于其有效高度的 4 倍；

2) 构件的宽度 b_w 不应小于 0.3h 和 254 mm 中的较小值；

3) 构件的宽度 b_w 不应超过支撑构件的宽度(按垂直于受弯构件纵轴的平面测量)，另外支承构件每边之间的距离不应超过受弯构件高度的 3/4。

(3) 中美规范对比

表 8-12 中美规范框架梁抗震截面尺寸要求对比

规范	宽度	高宽比	跨高比
中国	200 mm	4	4
美国	250 mm，同时小于支承构件宽度	3.33	4

由表 8-12 可以看出，中国规范要求的框架梁的最小宽度比美国规范稍小，高宽比稍大，跨高比与美国规范的相同。

8.4.2 纵向受拉钢筋最小配筋率

(1) 中国规范

中国规范规定的框架梁纵向受拉钢筋最小配筋百分率如表 8-13 所示。

表 8-13　中国规范框架梁抗震纵向受拉钢筋最小配筋百分率　%

抗震等级	梁中位置	
	支座	跨中
一级	0.40 和 $80f_t/f_y$	0.30 和 $65f_t/f_y$

注：①取两者中较大值；

②f_t 为混凝土抗拉强度设计值，f_y 为钢筋屈服强度设计值。

（2）美国规范

美国规范规定，除实际配筋面积超出计算值 1/3 的情况外，在受弯构件的任何截面，顶部和底部纵向钢筋配筋量不应小于下式的要求，同时不应小于 $1.4b_w d/f_y$。

$$A_{s,min}=\frac{0.25\sqrt{f'_c}}{f_y}b_w d \tag{8-2}$$

式中：

f'_c——混凝土抗压强度规定值；

f_y——钢筋屈服强度规定值；

b_w——腹板宽度；

d——截面有效高度。

（3）中美规范对比

根据式(8-2)和 $1.4b_w d/f_y$ 得到美国规范最小配筋率为

$$\rho_{s,min}=\max\left(\frac{0.25\sqrt{f'_c}}{f_y},\ \frac{1.4}{f_y}\right)$$

按照前述方法进行材料强度换算，计算得到配置 HRB400 钢筋时不同混凝土强度等级钢筋混凝土框架梁纵向受拉钢筋最小配筋率，如表 8-14 所示。

表 8-14　中美规范框架梁抗震纵向受拉钢筋最小配筋率　%

规范	位置	混凝土强度等级		C30	C35	C40	C45	C50	C55	C60
中国	支座	抗震等级	一	0.40	0.40	0.40	0.40	0.42	0.44	0.45
	跨中	抗震等级	一	0.30	0.30	0.31	0.33	0.34	0.35	0.37
美国				0.35	0.35	0.36	0.38	0.40	0.42	0.44

由表 8-14 可以看出，中国规范按框架抗震等级对框架梁的支座和跨中规定了不同的纵向钢筋最小配筋率，美国规范的规定比较简单，不区分支座和跨中。中国抗震一级框架梁支座的纵筋最小配筋率与美国规范的接近；中国规范抗震等级一级框架梁跨中的纵筋最小配筋率均比美国规范的小。

8.4.3　纵向受拉钢筋最大配筋率

(1) 中国规范

中国规范规定，梁端纵向受拉钢筋的配筋率不宜大于 2.5%。

(2) 美国规范

美国规范规定，最大配筋率不应超过 2.5%。顶部和底部至少应有两根纵向钢筋连续布置。

(3) 中美规范对比

中国规范与美国规范规定的最大纵筋配筋率数值是相同的。

8.4.4　箍筋最小配箍率

(1) 中国规范

中国规范规定，当 $V>0.7f_t bh_0$ 时，箍筋的最小配箍率按下式确定：

$$\rho_{sv,min}=0.24\frac{f_t}{f_y} \tag{8-3}$$

(2) 美国规范

美国规范规定，对于剪力超过混凝土承担剪力一半的钢筋混凝土受弯构件，最小配箍率按下式计算：

$$\rho_{sv,min}=0.062\frac{\sqrt{f'_c}}{f_y} \tag{8-4}$$

(3) 中美规范对比

表 8-15　中美规范框架梁抗震最小配箍率对比　　%

钢筋	规范	C30	C40	C50	C60	平均
HPB300	中国	0.13	0.15	0.17	0.18	0.16
	美国	0.10	0.12	0.13	0.15	0.13
HRB400	中国	0.09	0.10	0.11	0.12	0.11
	美国	0.08	0.09	0.10	0.11	0.09

由表 8-15 可以看出，中国规范与美国规范框架梁抗震的最小配箍率基本相同(略高于美国)。

8.4.5　箍筋间距

(1) 中国规范

中国规范规定，梁端箍筋应加密，加密区的长度、箍筋最大间距和最小直径按

表 8-16采用，当梁端纵向受拉钢筋配筋率大于 2%时，表 8-16 中箍筋最小直径数值应增大 2 mm。

表 8-16　中国规范框架梁抗震梁端箍筋加密区的要求　mm

抗震等级	加密区长度（取两者中较大值）	箍筋最大间距（取较小值）	箍筋最小直径
一	$2h_b$，500	$h_b/4$，$6d$，100	10

注：h_b 为截面高度，d 为纵向钢筋直径。

（2）美国规范

美国规范规定，封闭箍筋长度和箍筋最大间距应满足表 8-17 的要求。

表 8-17　美国规范封闭箍筋的要求

设置封闭箍筋的部位	封闭箍筋段长度	箍筋最大间距(取较小值)
受弯构件两端向中间延伸 可能受弯屈服截面的两侧	$2h$	$d/4$，8 倍纵向钢筋直径 24 倍箍筋直径，305 mm

注：h 为截面高度，d 为截面有效高度。

（3）中美规范对比

将美国规范梁截面高度和钢筋直径用中国规范的符号表示，中国规范和美国规范要求梁端箍筋加密区长度、箍筋的最大间距对比如表 8-18 所示。

表 8-18　中美规范梁端箍筋加密区长度、箍筋最大间距和最小直径　mm

规范	抗震等级	加密区长度（取两者中较大值）	箍筋最大间距（取较小值）	箍筋最小直径
中国	一	$2h_b$，500	$h_b/4$，$6d$，100	10
美国		$2h_b$	$h_b/4$，$8d$，$24d_s$，305	—

注：d 为纵向钢筋直径，d_s为箍筋直径。

由表 8-18 可以看出，中国规范抗震等级一级框架梁加密区的长度与美国规范的基本一致。美国规范没有对箍筋最小直径进行规定。

8.5 板

8.5.1 截面尺寸

(1) 中国规范

一般钢筋混凝土受弯构件宜满足表 8-19 和表 8-20 规定的最小厚度要求。不满足最小厚度要求的钢筋混凝土构件应进行挠度计算，并应满足允许挠度的限值。任何受弯构件的厚度不得小于 150 mm。

表 8-19 单向板的最小厚度

构件类型	简支	一端连续	两端连续	悬臂
实心单向板	$l_0/12$	$l_0/15$	$l_0/19$	$l_0/5$
带肋单向板	$l_0/10$	$l_0/13$	$l_0/16$	$l_0/4$

注：1. l_0 为梁板的计算跨度，对于悬臂构件取净挑出长度。

2. 本表适用于 f_{yk} 为 400 N/mm^{2}的钢筋，对于 f_{yk} 不等于 400 N/mm^{2}的钢筋，本表所列数值应乘以 $(0.4+0.0015f_{yk})$。

表 8-20 双向板的最小厚度

支承条件	边缘连续性	最小厚度(*h*) 长向与短向净跨比 $\beta=1.0$	最小厚度(*h*) 长向与短向净跨比 $\beta=2.0$
$\alpha_m \geq 2.0$	$\beta_e=0$	$l_n/22$	$l_n/25$
	$\beta_e=1$	$l_n/25$	$l_n/30$
$\alpha_m \leq 1.0$	$\beta_e=0$	$l_n/19$	$l_n/21$
	$\beta_e=1$	$l_n/22$	$l_n/25$

α_m 为在双向板的支承边上所有梁的 α 的平均值。其中 α 为梁截面的抗弯刚度与梁两侧相邻板格(如有时)中心线间板的横截面抗弯刚度之比。当双向板的支承边为墙时，可按 $\alpha_m \geq 2.0$ 考虑。

对于 α_m、β 及 β_e 的其他值，最小厚度可线性插入。

本表适用于 f_{yk} 为 400 N/mm^{2}的钢筋，对于 f_{yk} 不等于 400 N/mm^{2}的钢筋，本表所列数值应乘以 $(8+0.0075f_{yk})/11$。

注：1. β 为双向板长向与短向的净跨比；

2. β_e 为一个板格的连续边的长度与总周长之比；

3. l_n 为双向板长向净跨长。

(2)美国规范

美国规范规定，钢筋混凝土框架中的梁截面尺寸符合表8-21～表8-22的要求。

表8-21　单向板最小厚度

构件	简支	一端固定	两端固定	悬臂
单向板	$l/12$	$l/15$	$l/19$	$l/5$
带肋单向板	$l/10$	$l/13$	$l/16$	$l/4$

表8-22　双向板最小厚度

支撑条件	边缘连续性	最小厚度	
		长方向/短方向净跨比	
		$\beta=1.0$	$\beta=2.0$
$\alpha_{fm}\geqslant 2.0$	$\beta_e=0$	$l_n/22$	$l_n/25$
	$\beta_e=1$	$l_n/25$	$l_n/30$
$\alpha_{fm}\leqslant 1.0$	$\beta_e=0$	$l_n/19$	$l_n/21$
	$\beta_e=1$	$l_n/22$	$l_n/25$

注：对于α_{fm}、β_e、和β值，最小厚度采用线性插值。

任何单向板、双向板结构厚度不应小于6 in(152.4 mm)。

(3)中美规范对比

中美规范关于板厚构造要求一致。

8.5.2　构造配筋率

(1)中国规范

1)受弯构件、偏心受拉、轴心受拉构件侧的受拉钢筋最小配筋百分率取0.20和$45f_t/f_y$中的较大值。

2)板类受弯构件(不包括悬臂板)的受拉钢筋，当采用强度等级400 MPa、500 MPa的钢筋时，其最小配筋率应允许采用0.20和$45f_t/f_y$中的较大值；

3)卧置于地基上的混凝土板，板中受拉钢筋的最小配筋率可适当降低，但不应小于0.15%。

(2)美国规范

美国规范规定，混凝土板的受拉侧需要按计算配筋时，受拉侧受拉钢筋的配筋率不应小于0.18%。

(3)中美规范对比

两国规范对板配筋率要求基本相同，美国规范略小一些。核岛厂房考虑裂缝控制、施工、对称配筋等情况，规定板配筋取国标要求，同时强调筏基底板单侧受力钢筋和板中受压钢筋配筋率不应低于 0.2%。

8.5.3 钢筋间距

(1)中国规范

板中受力钢筋的间距，当板厚不大于 150 mm 时不宜大于 200 mm；当板厚大于 150 mm 时不宜大于板厚的 1.5 倍，且不宜大于 250 mm。

(2)美国规范

1)布置成一排的平行钢筋的净距不应小于 d_b，但是也不小于 1 in(25.5 mm)。

2)平行钢筋被布置成两层或两层以上时，在上层的钢筋应该直接对准底部钢筋，伴随在两层之间的净距不少于 1 in(25.5 mm)。

3)除了混凝土托梁结构之外的墙和板中，主要受弯钢筋间距不应大于墙或板厚度的 3 倍，也不大于 18 in(460 mm)。

4)双向板钢筋间距不应超过板厚的 2 倍。

(3)中美规范对比

美标对板中钢筋间距的要求大于中国规范。针对核岛厂房大多采用厚板结构形式，《核电厂混凝土结构技术标准》给出基本规定，板宜采用双层双向配筋，板中纵向受力钢筋的间距不宜大于板厚的 1.5 倍，且不宜大于 300 mm。

8.6 墙

8.6.1 截面尺寸

(1)中国规范

中国规范规定，墙体厚度不宜小于140 mm，对剪力墙结构尚不宜小于层高的1/25，对框架-剪力墙结构尚不宜小于层高的1/20。

(2)美国规范

美国规范规定：

1)承重墙的墙厚不小于被支撑体长度或高度的1/25，取两者最小值，也不小于4 in。

2)地下室与基础墙外墙厚度不小于17-1/2 in。

3)非承重墙墙厚不能小于4 in或侧向支撑体最小间距的1/30。

(3)中美规范对比

中国规范对墙体厚度最小要求大于美国标准，但考虑核电通常为厚板、厚墙结构体系，规定核电结构中墙体厚度为不应小于200 mm，且不宜小于层高的1/20。

8.6.2 构造配筋率

(1)中国规范

中国规范规定，一级剪力墙的竖向和横向分布钢筋最小配筋率均不应小于0.25%；

部分框支剪力墙的落地剪力墙底部加强部位，竖向和横向分布钢筋配筋率均不应小于0.3%。

(2)美国规范

美国规范规定，墙体分布钢筋的配筋率 ρ_l 和 ρ_t 不应小于0.0025；当 $V_u \leqslant A_{cv}\sqrt{f'_c}$ 时，允许 ρ_l 和 ρ_t 适当降低，其中 A_{cv} 为所考虑剪力方向以腹板厚度和截面高度为界限的混凝土毛截面面积。

(3)中美规范对比

中国规范与美国规范剪力墙最小配筋率对比如表8-23所示。由此表可以看出，中国规范一级框架最小配筋率与美国规范的相同。

表 8-23 中美规范剪力墙最小配筋率对比

抗震等级			一
最小配筋率	中国规范	普通剪力墙	0.25%
		高度小于 24 m 的剪力墙	0.25%
	美国规范		0.25%

8.6.3 钢筋间距

(1)中国规范

中国规范规定，抗震墙的竖向和横向分布钢筋的间距不宜大于 300 mm，部分框支抗震墙结构的落地抗震墙底部加强部位，竖向和横向分布钢筋的间距不宜大于 200 mm。

(2)美国规范

墙体各方向的钢筋间距不应大于 460 mm。

(3)中美规范对比

中美规范剪力墙抗震构造对比如表 8-24 所示。由表 8-24 可以看出，中国规范剪力墙的最大钢筋间距比美国规范的小。

表 8-24 中美规范剪力墙分布钢筋最大间距对比

抗震等级		一
钢筋间距	中国规范	300 mm
	美国规范	460 mm

8.7 柱

8.7.1 截面尺寸

(1)中国规范

中国规范规定，有抗震要求的钢筋混凝土框架柱的截面尺寸应符合下列规定：

1)截面的宽度和高度，一级且不超过2层时不宜小于350 mm，一级且超过2层时不宜小于450 mm；

2)剪跨比宜大于2；

3)截面长边与短边的边长比不宜大于3。

(2)美国规范

美国规范规定，有抗震要求的钢筋混凝土框架柱的截面尺寸应符合下列要求：

1)通过构件几何形心的横截面最小尺寸不应小于300 mm；

2)柱截面短边与长边之比不应小于0.4。

(3)中美规范对比

表8-25所示为中国规范与美国规范钢筋混凝土框架柱抗震截面尺寸要求的对比。可以看出，中国规范一级框架结构柱的最小截面宽度和最小截面高度大于美国规范的，柱长短边长之比最大值要求比美国规定的高。

表8-25　中美规范框架柱抗震截面尺寸要求的对比

规范	最小宽度和最小高度		最小剪跨比	最大长短边比
中国	一级且超过2层	450 mm	2	3
	一级且不超过2层	350 mm		
美国	300 mm		—	2.5

8.7.2 纵向钢筋

8.7.2.1 最小配筋率

(1)中国规范

中国规范规定，柱纵向受力钢筋的最小配筋率应按表8-26采用，同时每一侧配筋率不应小于0.2%；对建造在Ⅳ类场地且较高的高层建筑，最小总配筋率增加0.1%。

表 8-26 中国规范框架柱纵向钢筋最小总配筋率 %

类别	抗震等级
	一
中柱和边柱	0.9(1.0)
角柱、框支柱	1.1

注：①括号内的数值用于框架结构；

②钢筋强度标准值小于 400 MPa 时，表中数值增加 0.1，钢筋强度标准值为 400 MPa 时，表中数值增加 0.05；

③混凝土强度等级高于 C60 时，上述数值相应增加 0.1。

(2)美国规范

美国规范规定，纵向钢筋截面面积 A_{st} 不小于 $0.01A_g$。

(3)中美规范对比

将美国规定最小钢筋面积换算为最小配筋率为 1%，表 8-27 为中国规范和美国规范框架柱纵向钢筋最小总配筋率对比。由表 8-27 可以看出，中国规范根据框架抗震等级规定了中柱和边柱、角柱和框支柱的纵向钢筋最小配筋率，一级框架柱的纵向钢筋最小配筋率与美国规范的相当。

表 8-27 中美规范框架柱纵向钢筋最小总配筋率对比 %

规范	类别	抗震等级
		一
中国	中柱和边柱	0.9(1.0)
	角柱、框支柱	1.1
美国		1.0

8.7.2.2 最大配筋率

(1)中国规范

中国规范规定，柱最大配筋率不宜超过 5%；剪跨比不大于 2 的一级框架柱，每侧纵向钢筋配筋率不宜大于 1.2%。

(2)美国规范

美国规范规定，纵向钢筋的截面面积 A_{st} 不大于 $0.06A_g$。

(3)中美规范对比

将美国规定的最大钢筋面积换算为最大配筋率为 6%，比中国规范的 5%略大。

8.7.3 箍筋

8.7.3.1 最小配筋率

(1)中国规范

中国规范框架柱箍筋配筋率按加密区和非加密区分别考虑。

框架柱箍筋加密区的体积配箍率按下列规定确定。

1)柱箍筋加密区的体积配箍率按下式计算

$$\rho_v \geqslant \lambda_v f_c / f_{yv} \tag{8-5}$$

式中:

ρ_v——柱箍筋加密区的体积配箍率，一级不小于0.8%；计算复合螺旋箍体积配箍率时，其螺旋箍的箍筋体积乘以折减系数0.80；

f_c——混凝土轴心抗压强度设计值，强度等级低于C35时，按C35计算；

f_{yv}——箍筋或拉筋抗拉强度设计值；

λ_v——最小配箍特征值，宜按表8-28采用。

表8-28 中国规范柱箍筋加密区的箍筋最小配箍特征值

抗震等级	箍筋形式	柱轴压比								
		≤0.3	0.4	0.5	0.6	0.7	0.8	0.9	1.0	1.05
一	普通箍、复合箍	0.10	0.11	0.13	0.15	0.17	0.20	0.23	—	—
	螺旋箍、复合或连续复合矩形螺旋箍	0.08	0.09	0.11	0.13	0.15	0.18	0.21	—	—

注：普通箍指单个矩形箍和单个圆形箍，复合箍指由矩形、多边形、圆形箍或拉筋组成的箍筋；复合螺旋箍筋指由螺旋箍与矩形、多边形、圆形箍或拉筋组成的箍筋；连续复合矩形螺旋箍指用一根通长钢筋加工而成的箍筋。

2)框支柱宜采用复合螺旋箍或井字复合箍，其最小配箍率特征值比表8-28内数值增加0.02，且体积配箍率不小于1.5%；

3)剪跨比不大于2的柱宜采用复合螺旋箍或井字复合箍，其体积配箍率不小于1.2%，9度一级不小于1.5%。

(2)美国规范

美国规范规定，矩形封闭箍筋的截面面积不应小于式(8-6)和式(8-7)的要求:

$$A_{sh} = 0.3\left(\frac{sb_c f'_c}{f_{yt}}\right)\left(\frac{A_g}{A_{ch}} - 1\right) \tag{8-6}$$

$$A_{sh} = 0.09 sb_c \frac{f'_c}{f_{yt}} \tag{8-7}$$

式中:

s——箍筋间距；

b_c——柱核心区截面宽度；

f'_c——混凝土抗压强度规定值；

f_{yt}——箍筋屈服强度规定值；

A_g——构件总截面面积；

A_{ch}——结构构件箍筋外表面之间的构件截面面积。

(3) 中美规范对比

将式(8-6)和式(8-7)表示为配箍率的形式

$$\rho_{sh}=\max\left[0.3\left(\frac{f'_c}{f_{yt}}\right)\left(\frac{A_g}{A_{ch}}-1\right),\ 0.09\frac{f'_c}{f_{yt}}\right] \tag{8-8}$$

中美规范框架柱普通箍筋最小体积配箍率对比如表 8-29 所示。由表 8-29 可以看出，中国规范根据框架抗震等级、轴压比和混凝土与钢筋强度比规定了柱普通箍筋最小体积配箍率，美国规范根据柱总截面面积与箍筋外表面之间截面面积的比值和混凝土与钢筋强度比规定了柱普通箍筋最小体积配箍率。当混凝土强度等级小于等于 C35 时，中国规范一级框架柱普通箍筋最小体积配箍率与美国规范的接近或略高；当混凝土强度等级大于 C35 时，中国规范一级框架柱普通箍筋最小体积配箍率比美国规范的低。

表 8-29　(加密区)中美规范框架柱抗震普通箍筋最小体积配箍率对比　　%

规范	抗震等级	混凝土强度		C30	C35	C40	C45	C50	C55	C60
中国	一	轴压比	0.4	0.80	0.80	0.80	0.80	0.85	0.93	1.01
			0.6	0.84	0.84	0.96	1.06	1.16	1.27	1.38
			0.8	1.11	1.11	1.27	1.41	1.54	1.69	1.83
美国	$\frac{A_g}{A_{ch}}$		1.2	0.68	0.79	0.90	1.01	1.12	1.23	1.34
			1.3	0.68	0.79	0.90	1.01	1.12	1.23	1.34
			1.4	0.91	1.05	1.20	1.35	1.49	1.64	1.78

注：中国规范的轴压比与美国规范的 A_g/A_{ch} 不存在对应关系。

中美规范框架柱螺旋箍筋最小体积配箍率对比如表 8-30 所示。由表 8-30 可以看出，所有情况下，中国规范柱螺旋箍筋最小体积配箍率均比美国规范的低。

表 8-30　(加密区)美规范框架柱螺旋箍筋最小体积配箍率对比　　%

规范	抗震等级	混凝土强度		C30	C35	C40	C45	C50	C55	C60
中国	一	轴压比	0.4	0.80	0.80	0.80	0.80	0.80	0.80	0.83
			0.6	0.80	0.80	0.83	0.91	1.00	1.10	1.19
			0.8	0.95	0.95	1.08	1.20	1.31	1.43	1.56

续表

规范	抗震等级	混凝土强度	C30	C35	C40	C45	C50	C55	C60
美国	$\frac{A_g}{A_{ch}}$	1.2	0.91	1.05	1.20	1.35	1.49	1.64	1.78
		1.3	1.02	1.19	1.35	1.52	1.68	1.85	2.00
		1.4	1.36	1.58	1.80	2.02	2.24	2.46	2.67

注：中国规范的轴压比与美国规范的 A_g/A_{ch} 不存在对应关系。

8.7.3.2 箍筋间距

(1)中国规范

中国规范规定，柱箍筋在规定的范围内应加密，加密区的箍筋间距和直径应符合下列要求：

1)一般情况下，箍筋的最大间距和最小直径按表 8-31 采用。

表 8-31 中国规范柱箍筋加密区的箍筋最大间距和最小直径

抗震等级	箍筋最大间距(采取较小值，mm)	箍筋最小直径(mm)
一	$6d$，100	10

注：①d 为柱纵筋最小直径。

②柱根指底层柱下端箍筋加密区。

2)一级框架柱的箍筋直径大于 12 mm 且箍筋肢距不大于 150 mm 的箍筋直径不小于 10 mm 且箍筋肢距不大于 200 mm 时，除底层柱下端外，最大间距允许采用 150 mm；

3)框支柱和剪跨比不大于 2 的框架柱，箍筋间距不大于 100 mm。

(2)美国规范

美国规范规定，箍筋间距不应超过下述中的最小值：

1)构件最小截面尺寸的 1/4；

2)纵向钢筋直径的 6 倍；

3)下式规定的 s_0，s_0 不大于 150 mm，且不小于 100 mm

$$s_0 = 100+\frac{350-h_x}{3} \tag{8-9}$$

式中：

h_x——沿柱各面封闭式箍筋的箍肢或横向拉筋的中心最大间距。

(3)中美规范对比

表 8-32 为中国规范与美国规范框架柱最大箍筋间距的比较。由表 8-32 可以看出，中国规范与美国规范一级框架柱的最大箍筋间距相当。

表 8-32 中美规范框架柱抗震最大箍筋间距比较 mm

抗震等级	一
中国规范	$6d$，100
美国规范	$\frac{1}{4}h$，$\frac{1}{4}b$，$6d_b$，$100 \leqslant s_0 \leqslant 150$

注：h 为截面高度，b 为截面宽度，d 为中国规范纵向钢筋直径，d_b 为美国规范纵向钢筋直径。

参考文献

[1] Code Requirements for Nuclear Safety Related Concrete Structures：ACI349-13[S].

[2] 压水堆核电厂核安全有关的混凝土结构设计要求：NB/T 20012—2010. 北京：国家能源局，2010.

[3] 混凝土结构设计规范：GB 50010—2010. 北京：中国建筑工业出版社，2011.

[4] 建筑抗震设计规范：GB 50011—2010. 北京：中国建筑工业出版社，2010.

[5] 高层建筑混凝土结构技术规程 JGJ 3—2010. 北京：中国建筑工业出版社，2010.

[6] 贡金鑫，魏巍巍，胡家顺. 中美欧混凝土结构设计. 北京：中国建筑工业出版社，2007：652-655.

第九章

结构耐久性设计

9.1 设计原则

混凝土结构的耐久性设计是一个系统工程，贯穿于材料、设计、施工、使用中的维护等各个环节和从建造到退役的整个过程。

耐久性设计需考虑环境类别与环境作用等级，设计使用年限，材料要求，构造规定及相关措施。各类环境中普通钢筋的混凝土保护层厚度和混凝土强度等级、最大水胶比及其他耐久性设计内容应符合现行国家标准《混凝土结构耐久性设计规范》GB/T 50476—2008 中设计使用年限的规定，但环境类别与环境作用等级需结合核电厂实际情况进行调整。

9.2 环境类别与环境作用等级

混凝土耐久性是环境及环境中各种介质对混凝土的物理和化学作用，不同环境中混凝土耐久性劣化的机理是不同的，所以应根据结构所处环境及环境的作用等级对混凝土结构采用不同的耐久性措施。参考现行国家标准《混凝土结构耐久性设计规范》GB/T 50476—2008 中环境类别和作用等级的划分，同时根据核安全相关混凝土结构所处环境的特点，对有些类别进行了适当的归并。

(1)按结构所处环境及其对钢筋、预应力筋和混凝土的影响可将环境分为四类，环境类别和环境作用等级应按表 9-1 确定。

表 9-1　环境类别和环境作用等级

环境类别	作用等级	环境条件	结构或构件示例
碳化环境	Ⅰ-A	室内干燥环境	混凝土结构的室内构件
	Ⅰ-B	非干湿交替的室内潮湿环境 非干湿交替的露天环境 长期湿润环境	中、高湿度环境中的室内构件 不接触或偶尔接触雨水的室外构件 长期与水或湿润土体接触的构件
	Ⅰ-C	干湿交替环境	表面频繁淋雨或频繁与水接触的室外构件
冻融环境	Ⅱ-D	微冻地区的有盐环境 混凝土高度饱水	泵房的水位变动区构件 频繁受雨淋的构件水平表面(悬挑构件上表面，如：雨棚、挑檐)
		严寒和寒冷地区的有盐环境 混凝土中度饱水	受雨淋的构件竖向表面(厂房外墙)
	Ⅱ-E	严寒和寒冷地区的有盐环境 混凝土高度饱水	泵房的水位变动区构件 频繁受雨淋的构件水平表面，如：雨棚、挑檐等

续表

环境类别	作用等级	环境条件	结构或构件示例
海洋氯化物环境	Ⅲ-C	水下区和土中区； 周边永久浸没于海水或埋于土中	泵房外墙水下部分 厂房外墙地下部分 厂房基础
	Ⅲ-D	大气区(轻度盐雾)； 距平均水位 15 m 高度以上的海上大气区； 涨潮岸线以外 100~300 m 内的陆上室外环境	靠海的混凝土结构外墙及室外构件
	Ⅲ-E	距平均水位上方 15 m 高度以内的海上大气区； 离涨潮岸线 100 m 以内、低于海平面以上 15 m 的陆上室外环境	泵房与海水不接触的外墙 靠海的混凝土结构外墙及室外构件
		潮汐区和浪溅区，非炎热地区	泵房与海水接触的部分
	Ⅲ-F	潮汐区和浪溅区，炎热地区	泵房与海水接触的部分
化学腐蚀环境	V	按现行国家标准《混凝土结构耐久性设计规范》GB/T 50476 的规定采用	

(2)不考虑除冰盐等其他氯化物环境。

(3)考虑核电厂厂址盐渍土环境。盐渍土是易溶盐(氯盐、碳酸钠、碳酸氢钠、硫酸钠、硫酸镁等)含量大于或等于 0.3%、具有溶陷、盐胀或腐蚀等特性的土，广泛分布于我国青海、新疆、西藏等内陆地区，沿海各省也有滨海盐渍土，内地还有冲积平原盐渍土。现行国家标准 GB/T 50942—2014《盐渍土地区建筑技术规范》中盐渍土按含盐的化学成分分类，详表 9-2，分为 5 类。

表 9-2 盐渍土按含盐的化学成分分类

盐渍土名称	$\frac{c(Cl^-)}{2c(SO_4^{2-})}$	$\frac{2c(CO_3^{2-})+c(HCO_3^-)}{c(Cl^-)+2c(SO_4^{2-})}$
氯盐渍土	>2.0	—
亚氯盐渍土	>1.0，≤2.0	—
亚硫酸盐渍土	>0.3，≤1.0	—

续表

盐渍土名称	$\frac{c(Cl^-)}{2c(SO_4^{2-})}$	$\frac{2c(CO_3^{2-})+c(HCO_3^-)}{c(Cl^-)+2c(SO_4^{2-})}$
硫酸盐渍土	≤0.3	—
碱性盐渍土	—	>0.3

注：表中 $c(Cl^-)$ 表示氯离子在 100 g 土中所含毫摩尔数(m mol/100 g)，其他离子相同。

(4)将盐渍土环境中的氯盐渍土和亚氯盐渍土、与海洋氯化物环境合并为氯化物环境。

(5)硫酸盐渍土和亚硫酸盐渍土可归为化学腐蚀环境中的硫酸盐环境。

(6)根据盐渍土氯盐和硫酸盐的含量，将其归类为氯化物环境和硫酸盐环境，并按两种环境采取相应的耐久性措施。氯盐和硫酸盐同时存在的盐渍土，具有更强的危害性，其对混凝土的腐蚀机理和特性可通过试验确定。需要说明的是，氯盐侵蚀和硫酸盐侵蚀都属于化学腐蚀，对于盐渍土，除具有这两种化学腐蚀外，还存在物理性的盐结晶破坏，耐久性设计时要充分考虑；

(7)碱性盐渍土中的钾、钠离子浓度应进行检测，防止因其向混凝土中渗透引起局部混凝土含碱量过高。

(8)海工子项混凝土结构的结构防腐蚀措施设计可参照 JTJ 275—2000《海港工程混凝土结构防腐蚀技术规范》执行，尤其应注重浪溅区和水位变动区的防腐措施。

当结构或结构构件受到多种类别的环境共同作用时，应分别满足每种类别环境单独作用下的耐久性要求，并考虑不同环境下各种腐蚀的耦合作用。

一个结构同时处于多个不同耐久性环境的情况是比较常见的，多个环境因素的叠加一般是加重对混凝土耐久性的不利影响，设计中满足每一种环境的耐久性措施是基本要求，并考虑环境影响的耦合作用。但有时环境腐蚀介质的耦合也会相互削弱，减轻对混凝土的不利作用。例如，海水中同时含有氯离子和硫酸盐，氯离子会减轻硫酸盐的危害，所以海洋环境中可以不再单独考虑硫酸盐的侵蚀。

参考文献

[1] 混凝土结构耐久性设计标准：GB/T 50476—2008. 北京：中国建筑工业出版社，2008.
[2] 盐渍土地区建筑技术规范：GB/T 50942—2014. 北京：中国标准出版社，2014.
[3] 混凝土结构设计规范：GB 50010—2010. 北京：中国标准出版社，2011.
[4] 地下工程防水技术规范：GB 50108—2008. 北京：中国标准出版社，2009.
[5] 水工混凝土结构设计规范：DL/T 5057—2009. 北京：中国标准出版社，2009.